复杂窗时排序问题及算法研究

赵洪銮　著

科学技术文献出版社
SCIENTIFIC AND TECHNICAL DOCUMENTATION PRESS

·北京·

图书在版编目（CIP）数据

复杂窗时排序问题及算法研究 / 赵洪銮著. —北京：科学技术文献出版社，2017.12

ISBN 978-7-5189-3644-1

Ⅰ.①复… Ⅱ.①赵… Ⅲ.①排序—研究 Ⅳ.① O223

中国版本图书馆 CIP 数据核字（2017）第 289321 号

复杂窗时排序问题及算法研究

策划编辑：周国臻 责任编辑：周国臻 马新娟 责任校对：文 浩 责任出版：张志平

出 版 者	科学技术文献出版社	
地 址	北京市复兴路15号 邮编 100038	
编 务 部	(010) 58882938，58882087（传真）	
发 行 部	(010) 58882868，58882874（传真）	
邮 购 部	(010) 58882873	
官 方 网 址	www.stdp.com.cn	
发 行 者	科学技术文献出版社发行 全国各地新华书店经销	
印 刷 者	虎彩印艺股份有限公司	
版 次	2017 年 12 月第 1 版 2017 年 12 月第 1 次印刷	
开 本	710×1000 1/16	
字 数	114千	
印 张	9.5	
书 号	ISBN 978-7-5189-3644-1	
定 价	48.00元	

前　言　Preface

　　生产调度是根据企业生产系统的生产目标和环境状态,在尽可能满足约束条件(如交货期、工艺要求和路线、资源现状)的前提下,按照工艺规程和计划,通过下达生产计划及调度指令对系统内的可用资源进行实时任务分配,以达到缩短产品的制造周期、减少在制品、降低库存、提高生产资源的利用率及提高制造系统生产率等目的。

　　影响生产调度问题的因素很多,正常情况下有产品的投产期、交货期(完成期)、生产能力、加工顺序、加工设备和原料的可用性、批量大小、加工路径、成本限制等,这些都是所谓的约束条件。有些约束条件是必须要满足的,如交货期、生产能力等,而有些达到一定的满意度即可,如生产成本等。

　　为了避免储存及隐藏的额外运转带来的高费用,例如,由于等待、传递、额外劳动力、重加工及订单改变等引起的效益损失,生产商不仅考虑延误带来的惩罚还必须顾及提前完工付出的费用,这就是准时排序问题。它限定工件的交货期:如果工件在交货期之前完工,会出现储存费和保管费之类;而在交货期之后完成,固然要科以罚款,则会产生延误赔偿甚至失去合作机会等损失。而准时排序的目的就是要最小化这些费用之和,所以,在"准时"概念中,尽可能使得工件的完工时间接近其交货期或者提前和延误的工件个数尽量少。因此,提前和延误应该尽可能地避免,这也使得以前讨论的传统性能函数无效。既然目标函数是关于工件完工时间的非正则函数,问题的研究相对比较困难。

现实中,供应商和客户在签订供应合同时,通常会指定一个交货时间区间,如果工件在这个时间区间内完成则被认为是准时的,不会招致任何处罚。它是将交货期合理地设置成一个时间段,而不再是单个时间点,这种排序称为窗时排序。我们把这个时间区间称为工件的交货期窗口,该窗口的左端为最早交货期(或称"交货期窗口的位置")、右端为最晚交货期。如果工件在窗时交货期前完成,则必须被库存,这种情况视为一个提前处罚。另外,如果工件在交货期窗口后完成,根据合同中的规定,它将导致延迟惩罚。显然,如果交货期窗口较大则可以增加供应商生产和输送的灵活性。然而,设置大型的交货期窗口和延迟工件完成时间都会降低供应商的竞争力和客户服务水平。所以交货期窗口的设置也经常成为问题的目标之一。

本书探讨的内容都是对经典排序的突破,研究现代排序与准时、窗时排序的结合应用,目的是为了在新型排序环境下,使某个衡量函数最大或者最小,如提前时间、延误时间、提前或延误的工件个数及交货期窗口的确定等。

粗略来讲,有两类相关的惩罚函数。一类目标函数中,提前和延误惩罚依赖于工件是否提前或延误,而不是提前或延误了多长时间。这类问题关注的是提前和延误的赋权工件数。另一类是提前时间和延误时间所带来的惩罚,即与完工时间距离交货期窗口的时间差成正比。此类目标函数既普遍又具备很强的竞争力。另外,交货期窗口的位置和大小也具有一定的决策意义,被很多生产商作为衡量有效性的一个重要指标。例如,决定订单数量及耗费资源计划等,所以它们往往作为决策变量,需要与工件的最优序列一起确定。本书探讨复杂生产环境下窗时排序问题的一些特点和解决方法,总结如下。

①就交货期窗口的位置和大小是给定还是待定的几种情况进行了讨论,针对目标函数是关于提前、延误的工件个数或者时间,以及它们的综合目标函数展开研究,充分利用了工件位置的累计权重,并提出相应的有效算法。

②讨论了工件有公共交货期窗口的同时加工排序问题,工件的尺寸大小相同,在交货期窗口给定或其位置待定情况下,以最小化总的提前和延误惩罚;并且如果交货期窗口是待定参数时,总费用包含该决策费用。针对两种目标函数分别研究;尤其当批的容量有限时,乃是经典排序的推广。在寻找它们的最优算法时,"位置权"已不再有效。

在以前关于同时加工排序问题的研究中,只有几篇文献涉及交货期的存在性,以最小化总延误或最大延误。本书把窗时排序推广到了多个工件可以被同时加工的情况,目标是要把工件分成多个批、再排列批的次序使得总费用最低。在提出最优性质和参数分析的基础上,给出了批容量无界时的一些有效算法。研究有界的同时加工排序问题。当提前和延误惩罚系数是任意整数且窗口位置待定时,把 3 – 划分的一个实例转化到该问题,从而证明了它是强 NP – 完备的。进而提出几个最优性质,但最优排序已不再满足 SPT – 批序,问题更加难于研究。

③现实生产中有以下情形:具有相似特征的一些工件需要相同的生产场景和设备,所有工件被分成多个组,于是从加工一个组的工件转化到加工另一个组的工件时需要执行安装任务。正是由于安装任务的介入使得问题更加困难。讨论当交货期窗口给定时以最小化赋权提前时间和延误时间总和的问题,问题的复杂性未知。本书探讨了最小化提前和延误的工件个数,其中交货期窗口的位置待定或者位置和大小均待定。

④批调度问题中每个工件有其特定的尺寸大小,即差异工件,同

一批中工件的总尺寸不能超过批的容量限制,因此,包含在每一批中的工件个数可能不同。研究加工时间、尺寸等参数对费用的影响及最优调度所具有的结构特点,并提出了启发式算法,该算法充分利用了参数信息并简便易行。

本书通过对上述研究内容和创新点的讨论,深入分析各种生产环境因素对总费用的影响,建立综合性的目标函数表达式,分析参数特点及最优解的结构化性质,得出相应的算法并分析其复杂性。

目 录 | Contents

第1章 绪 论

1.1 排序问题的背景及描述

随着科学技术的发展,生产规模越来越大,复杂性越来越高,市场竞争也越来越激烈,因此,对企业的管理和对生产过程的监控都提出了更高的要求。近几十年,各类生产过程都已经发生了显著的变化,其主要特征是生产规模的大型化和生产过程的连续化。在激烈的市场竞争中,为了保证生产的高效稳定运行,以获得最大的经济效益,原来简单的、局部的、常规的控制和仅凭经验的管理已经不能满足现代生产的要求了。企业管理者和控制工程师们面临的问题是:如何根据市场上原料供应和产品需求的变化进行经营决策和组织生产;如何在生产计划改变的情况下对生产过程进行控制,以便最大限度地发挥生产的柔性;如何在生产工艺改变不大的前提下进行管理、决策,使企业产生最大的综合经济效益。

作为实施计算机集成制造系统(CIMS)和流程工业计算机集成制造系统(CIPS)的重要环节,生产调度就是根据企业生产系统的生产目标和环境状态,在尽可能满足约束条件(如交货期、工艺要求和路线、资源现状)的前提下,按照工艺规程和计划,通过下达生产计划及调度指令对系统内的可用资源进行实时任务分配,以达到缩短产品的制造周期、减少在制品、降低库存、提高生产资源的利用率及提高制造系统生产效率等目的。随着计算机与网络技术的发展与广泛应用,实现计算机集成制造系统的条件已经基本具备,国内外企业非常迫切需要实现计算机辅助制订企业生产计划与调度,以加强企业管理、降低生产成本、降低能耗，从而提高经济效益。而生产计划与调度是目前生产管理中最为薄弱、最为困难的一环，已成为目前计算机集成制造系统研究中的一个瓶颈问题，也是目前学术界、企业界共同关注的热点课题。实践证明，先进的生产计划与调度技术对提高生产效率和经济效益有重要的作用，实现生产过程的最优化是企业期望早日实现的重大目标之一。

调度问题也称排序问题，它作为运筹学的一个分支，有着深刻的实际意义和广阔的应用背景，被广泛应用于生产计划、计算机控制及其他很多的生产环境中，将使得系统更加优化。排序是指在一定的约束条件下对工件和机器按时间进行分配和安排次序，使某一个或某一些目标达到最优；工件是被加工的对象，是要完成的任务；机器是提供加工的对象，是完成任务所需要的资源。

实际上，用"排序"或"调度"来作为 scheduling 的中文译名都只是描述了它的一个侧面。Scheduling 既有"分配（allocation）"的作用，是把被加工的对象"工件"分配给提供加工的对象"机器"以便进行加工；又有"排序"的功能，有被加工的对象"工件"的次序和提供加工的对象"机器"的次序这两类次序的安排；还有"调度"的效果，是在于把机器和工件按时间进行调度。

影响生产调度问题的因素很多，正常情况下有产品的投产期、交货期（完成期）、生产能力、加工顺序、加工设备和原料的可用性、批量大小、加工路径、成本限制等，这些都是所谓的约束条件。有些约束条件是必须要满足的，如交货期、生产能力等，而有些达到一定的满意度即可，如生产成本等。这些约束在进行调度时可以作为确定性因素考虑。而对于设备故障、原料供应变化、生产任务变化等非正常情况，都是事先不能预见的，在进行调度时大多作为不确定性因素考虑。

生产调度问题也受到工厂管理方法的影响，在不同的管理方法下，调度问题的优化目标、优化策略及其优化数学模型均不同，几乎每一个生产环境都是唯一的,很难用一个生产环境的调度方案,去解决另一个生产环境的生产调度。由于生产环境的动态性、生产领域知识的多样性、调度问题的复杂性,必须将人、数学方法和信息技术结合起来进行生产领域管理调度问题的研究。

总之,调度问题具有以下一些特点。

(1)复杂性

以生产调度具体化说,调度问题中从原材料到产品将包罗各种操作,任务相互影响相互作用,此外产品工艺也存在多样性,环境条件带有各种不确定性,随着调度问题规模的增加,获取优质调度方案和求解问题所需花费的时间将不可避免地大幅增加。用公式和模型表达调度问题可能相对较为容易,但是要求解这类问题得到最优解就是另外一回事了。已经证明,大部分调度问题都具有NP-hard特性,其难解性的表现之一就是在实际求解时获得一个最优调度解的时间会随着问题规模的增大呈指数级增加,因此,常规方法难以适应大规模调度问题的求解。如今人们不再苛求能够在所需时间找出问题的最优解,而转为针对具体的组合优化问题设计相应算法,使得在尽可能短的时间内找出尽可能好的解,即通常所说的次优解。

(2)多约束性

现实中的生产调度要受到设备生产能力、人力、原料供应及其他辅助生产工具等多种资源有限的约束,同时工件的处理往往也要受到严格的工艺流程路线等约束,各道工序的先后关系不能颠倒。除此之外,市场需求、产品的交货期和库存等也是常见的约束。所以,车间调度问题本质上也可以看作一个在若干等式和不等式约束下的组合优化问题,众多的约束限制也使得调度问题建模和求解更为复杂。

(3)不确定性

制造系统的加工环境是不断变化的,在运行过程中存在着很多随机和不确定的因素。按照不确定因素的来源,企业经营和生产过程的不确定因素可以分为系统固有的不确定性、生产过程中产生的不确定性、外部环境的不确定性及离散不确定性。具体的如实际生产线中经常会随机出现机器故障、订单突然插入或变更、交货期改变等情况，实际工件的到达时间、加工时间等也有一定的随机性和变化。

（4）多目标性

在生产调度问题中，针对不同的加工任务有不同的调度目标，如基于作业交货期的指标、基于作业完成时间的指标和基于生产成本的指标等，并且这些目标之间往往是存在冲突的，同时使得多个目标都达到最优往往是很难实现的。如何使调度系统适应不同的任务类型和规模，或者综合考虑多个目标，一直是该领域所追求的目标也是面临的难题之一。

1.2　现代排序

生产调度（以下简单地称为"排序"）问题一般可以描述为：针对某项可以分解的工作，在一定的约束条件下，如何安排其组成部分（操作）所占用的资源、加工时间及先后顺序，以获得产品制造时间或者成本等最优。排序问题可分为经典排序和现代排序。后者是相对前者而言，其特征是突破经典排序的基本假设。经典排序有以下4个基本假设。

①资源的类型。机器是加工工件所需要的一种资源。经典排序假设一台机器在任何时刻最多只能加工一个工件；同时要求一个工件在任何时刻至多在一台机器上加工。作为这个基本假设的突破，有本书重点探讨的成组分批排序、同时加工排序等。

②确定性。经典排序假设决定排序问题的一个实例的所有输入参数都是事先知道和完全确定的。作为这个基本假设的突破，有可控排序、模糊排序、在线排序等。

③可运算性。经典排序是在可以运算、可以计算的程序上研究

排序问题,而不去顾及如何确定工件的交货期、如何配备设备等技术上的问题。而本书中待定交货期的窗时排序问题是对经典排序的突破。

④单目标和正则性。经典排序假设排序的目的是衡量排法好坏的一个一维目标函数满足两个条件:a. 目标函数是求最小值;b. 至少有一个工件的完工时间增加时会导致目标函数增加,即工件完工时间的单调非降函数。这就是所谓的正则目标。而本书中的准时排序、窗时排序都是具有非正则目标的现代排序。

因此,本书将要探讨的内容都是对经典排序的突破,研究现代排序与准时、窗时排序的结合应用,目的是为了在新型排序环境下,使某个衡量函数最小,如提前时间、延误时间、提前或延误的工件个数及交货期窗口的确定等。

按照机器资源,有单台机器和多台机器之分,单台机器可分为一次只能加工一个工件和一次可以加工多个工件的机器,后者称为批处理机。多台机器又可以分为两大类:通用平行机和专用串联机。一个工件在 m 台平行机上的加工是只需要在这 m 台机器中的任何一台上加工一次;一个工件在 m 台串联机上的加工是需要在这 m 台机器中的每一台上都加工一次。平行机中最常见的是具有相同速度的同型机即等同机。串联机中最常见的是每个工件以特定的相同的机器次序加工,即流水线作业。如果机器正在加工工件,则称此机器是不空闲的、忙的或正在忙碌的;反之,如果机器此刻没有加工工件,则称此机器是空闲的。

一个工件在加工过程中,如果可以被别的工件抢先而中断加工,并稍后在原来机器或其他机器上继续加工,这种情况称为中断加工。根据中断后再加工的方式,一种是中断前后加工时间的和与不中断是一样的,称为可续性中断;还有一种是中断后都要从头开始,称为重复性中断。后者对中断加工的工件没有好处,对生产过程徒劳无益,因此,加工是不允许中断的。

　　排序问题由于在实际生产中的重要指导作用,从 20 世纪 50 年代开始就被广泛研究并得到了大量相关结果。对于一个排序,是要把 n 个工件以一定的次序排到 m 台机器上,其中 n、m 均为整数。工件的生产指标通常包括其加工时间、到达时间、交货期及相应的权重等;它们被排到单台或多台机器上进行加工。所有满足条件的解均称为可行解,它们的全体称为排序问题的可行集。使目标函数为最优的可行解,称为最优解。

　　根据任务集合及目标函数的性质,又可以把排序分以下几类。

　　①可中断排序与不可中断排序。可中断排序是指可以中断正在加工的工件而去加工其他准备好的工件,当后者加工完成后再加工被中断的工件。相反地,不可中断排序则必须等到加工完当前工件才考虑加工其他工件。

　　②静态排序与动态排序。静态排序中,在加工开始时做出的安排,不会随着时间而改变。而在动态排序中,在一个时刻决定哪些工件在哪些机器上加工的安排可以随时间变化而不同。在确定性排序问题中,静态排法根据在开始加工时做出的安排可以确定整个加工过程,确定当时所有工件和机器的状况。而在动态排序中,出现一些随机变量,无法预先确定在某一时刻哪些机器在加工哪些工件,但需要能根据这个时刻及这个时刻之前的信息及时做出安排。

　　③离线排序与在线排序。在加工系统运作之前,整个工件集合的排列决策就已经确定的排序为离线排序,这样得到的结果能够保证某些条件限制或者目标函数最优化。而在线排序中,决定当前工件的加工时对其后面就绪的工件信息一无所知,并且一旦确定工件的安排后就不允许改变。

　　④最优化算法与启发式算法。最优化算法是要最小化某些费用函数或者最大化收益函数。而启发式算法则是尽力优化但不能保证最优。

　　在关于调度问题的研究文献中,常用的性能标准有以下几种。

①最大能力指标,包括最大生产率、最短生产周期等,它们都是在产品需求下最大化生产能力以提高经济效益。体现该类性能指标的主要有最大完成时间或制造跨度,是指调度的最小生产周期,即所有工件的最大完成时间的最小值。在调度问题的研究中,这个指标最为普遍。还有加入权重考虑的总体加权完成时间。

②成本指标,包括最大利润、最小化运行费用、最小投资、最大收益等,这里的收益指产品销售收入,运行费用包括库存成本、生产成本、缺货损失等。

③客户满意度指标,包括最短延迟、最小提前或者拖后惩罚等。例如,最大延迟时间、最大拖期时间、最大提前时间、总体加权延迟时间、总体加权提前时间、加权延期工件数等。实际上,提前时间和延迟时间都是指工件的完成时间与交货期时间的差值,差值为正则表示加工任务被延迟,差值为负则意味着任务被提前完成,而延迟交货和提前完成无法交货都要付出代价。这两个指标在实时调度领域中的问题里毫无疑问是最重要的。

上述的大部分性能指标在使用时都是力图最小化。

1.3 算法中的几个重要概念

本书所有出现的排序都是指 scheduling,而不是指 sequence,不能把"排序"理解为"安排次序"。另外,还会用到"可行排序"或"最优排序""可行解"或"最优解"。由于绝大多数排序问题是 NP 难题,其最优解往往很"难"找到。而且在实际应用中经常是没有必要找到最优解,只需找到满足一定条件的启发式解或者近似解。因此,研究排序问题主要有两个方向,一个是对 P 问题,即可解问题,寻找多项式时间算法(又称为"有效算法")来得到问题的最优解,或者对 NP 难问题在特殊情况下寻找有效算法,也就是研究 NP 难题的可解情况。二是设计性能优良的启发式算法和近似算法。当然,无论是启发式算法还是近似算法都应该是多项式时间的。实际上,NP 难题可解情况的多项式时间算法往往是可以作为原问题的启发式算法或近似算法。

在研究我们的组合优化问题之前,先介绍几个有关复杂性理论的常见概念。

简言之,算法(algorithm)是一个在有限时间内逐步执行某项任务的过程,它的运行时间往往与许多因素有关。例如,与输入规模的大小、硬件环境和软件环境有关。除非在相同的硬件和软件环境上执行两个算法,否则难以比较它们的效率,所以我们在做算法分析的时候,允许独立于软、硬件环境来评估算法的相对效率,用一个与输入参数有关的函数来评估算法的时间复杂性。

设 $f(n)$ 和 $g(n)$ 是关于 n 的正的实函数,如果存在常数 $c>0$ 和整常数 $n_0 \geq 1$,对于每个 $n \geq n_0$ 的整数,满足 $f(n) \leq c \times g(n)$,则称 $f(n)$ 是 $O(g(n))$,或称 $f(n)$ 是 $g(n)$ 阶的。例如,$f(n) = 4n^3 + 3n^2 = O(n^3)$。这一概念广泛应用于表征以 n 为参数的运行时间和存储空间的界限。

(1)P 问题

能够被多项式时间算法解答的问题称为 P 问题,该算法称为多项式时间算法。如果一个算法是确定性的而且可以在多项式时间内运行,则称为有效的。我们知道对于排序问题最好的结果是找到多项式时间算法,拥有多项式时间算法的识别问题是 P 类问题。

但是往往事与愿违,很多时候找不到问题的多项式时间算法。如果我们证明该问题是 NP-hard 问题,那么一般可以给出伪多项式时间算法或者多项式时间近似算法,更甚者仅仅能够找到近似算法。

(2)动态规划算法

动态规划算法是一个非常重要的算法,它可以精巧地穷举出所有的可行解,然后找出最优的。动态规划算法是一个多阶段的决策过程,需要把问题分成许多决策阶段,并且一定要找到由一个阶段后退到前一阶段的递推关系。

（3）多项式时间转化

识别问题 W_1 多项式时间转化为识别问题 W_2 是指如果存在一个字符串 x，能够在 x 的多项式时间内构造出另一个字符串 y，使 x 是回答"yes"的 W_1 的例子的充分必要条件是 y 是 W_2 的回答为"yes"的具体例子。

（4）NP 类问题

NP 类问题是指对于识别问题 W 任意回答为"yes"的例子 I，存在一个"证据"，此"证据"长度以例子 I 的大小的多项式为上界，并且能够在多项式时间内验证此"证据"的确能使例子 I 回答为"yes"。

（5）NP – 优化问题

W 是一个最大化或最小化问题，其可行解组成的集合中的每个实例都被赋予一个非负有理数作为目标函数值，而且存在一个多项式时间算法来验证它的有效性、可行性和目标函数值。

（6）NP 完备问题

问题 $W \in NP$ 被称为 NP – 完备，是指所有的 NP 类问题都能够在多项式时间内转化为该问题。若一个组合优化问题的识别形式是 NP – 完备问题，则称该问题是 NP-hard 问题。

（7）近似算法

对于使目标函数 f 为最小的优化问题，记 I 是这个优化问题的一个实例，H 是所有实例的全体，并记 $f(I)$ 是实例 I 的最优目标函数值。算法 A 在多项式时间内运行并返回一个解。$f_A(I)$ 是算法 A 的目标函数值。如果存在一个实数 $r(r \geq 1)$，对于任何 $I \in H$ 有：

$$f_A(I) \leq r f(I)$$

则称 r 是算法 A 的一个上界。如果不能确定算法是否有界，或者能够确定算法的上界是无穷大时，这个算法称为启发式算法。当 r 是有限数时，这个算法称为近似算法。用启发式算法和近似算法得到的解分别称为启发式解和近似解。对于上式的最小正数 r 称为算法的最坏情况性能比,也就是算法的紧界。它们在新型排序中有广泛的应用。

(8)多项式时间近似序列

设 $\{A_\varepsilon : \varepsilon > 0\}$ 是求解某最优化问题 W 的一组算法的集合,如果任意给定一个小的正数 ε,总可以在多项式时间内找到一个目标值为 $(1+\varepsilon)opt$ 的近似解,其中 opt 是最优值,则称 A_ε 是问题 W 的一个多项式时间近似序列。

所谓最优化算法,顾名思义,是能够达到目标的最优值的一种算法。启发式算法(Heuristic Algorithm)是相对于最优化算法提出的。一个问题的最优算法是求得该问题每个实例的最优解。启发式算法可以这样定义:一个基于直观或经验构造的算法,在可接受的花费(指计算时间和空间)下给出待解决组合优化问题每一个实例的一个可行解,该可行解与最优解的偏离程度一般不能被预计。

经典调度理论的核心就是对调度算法的研究,即按照目标函数的要求计算出最优或近似最优的任务安排方案。在调度算法研究方面最初是集中在分支定界、线性规划或非线性规划等运筹学方法、仿真方法及基于调度规则的算法、插入方法、拉格朗日松弛算法等启发式方法,这些传统调度方法一般只适合于求解小规模问题,而难以解决具有建模困难、不确定性、多极小等复杂的实际生产调度问题。

很多研究表明,由于实际工程问题的复杂性、大规模性、不确定性、约束性、非线性、多极小、建模困难等特点,要寻找最优调度解是非常困难的,最有工程意义的求解算法是在合理、有限的时间内寻找到一个近似的、有用的解。近年来,在生产调度领域出现了许多新的不以求精确最优解为优化目标的智能优化方法,如模拟退火算法、禁忌搜索算法、神经网络方法、混沌搜索、遗传算法、进化策略、进化规划、免疫算法、蚁群算法、微粒群算法等,使得生产调度问题的研究方法走向了多元化,并在生产实际中得到了一定的应用,但很多算法的应用效果一直不是很理想。启发式算法由于具有计算效率高、实时性好和算法灵活多变等优点,非常适合于动态调度。因此,在动态调度中应用广泛。

1.4 准时排序及相关结果

现如今,市场竞争越来越激烈,消费者的观念也在不断地提高,生产商不得不重新衡量它们的生产策略。为了避免隐藏的额外运转及储存问题带来的高费用,例如,由于安装时间、等待时间、传递时间、额外劳动力费用、重加工、通货膨胀及订单改变等引起的效益损失,排序问题就不仅考虑延误带来的惩罚还必须顾及提前完工付出的费用。例如,对装运上船的货物来讲,在装运日之前到达码头,要支付仓库费和保管费;在装运日之后到达码头,推迟开船,固然要科以罚款。因此,为了追求更高利润,许多企业采用"准时"的观念以对生产做本质改进,使得提前和延误的工件都要付出惩罚费用,此类排序被称为准时排序。"提前"和"延误"是分别度量工件在交货期之前和之后完成的两个量。

调度问题不仅需要关心工件的完工不能出现延迟,还要考虑工件的完工不能早于交货期,即要求尽可能多的工件在交货期完工。这是因为工件的提前完工会产生库存费用、保险费用、产品变质造成的损失等成本,而工件的延迟完工会带来合同违约金、客户满意度下降等损失。我们称这类调度问题为 E/T(Earliness/Tardiness,提前/延迟)调度问题。研究 E/T 目标的调度问题直接关系到企业的整体生产成本及对客户的响应速度,具有重要的理论和现实意义。

在最近十几年里,准时排序问题已经被很多研究者广泛关注,它假设工件的交货期是一个时间点。如果工件在交货期之前完工,则要将其储存在仓库,从而就要付出与保管相关的费用;若在其后完工,则会产生如延误赔偿甚至会失去合作机会之类的损失。而准时排序就是要最小化所有这些费用的和,这是现实生产中面临的一个重要问题。

研究的比较深入的是工件具有公共交货期的情况。这时又可分为两类,一类问题中交货期是已知的,作为确定的输入参数,它是由顾客给定的。另一类问题中公共交货期是待定的,作为决策变量,它是由生产商决定的,从而在确定最优排序的同时还要确定最优的交货期使得目标函数最优。为了研究的方便和可行,很多研究者集中在单机器上的静态确定性排序问题,并假设所有工件享有公共的交货期。但是关于提前和延误的惩罚函数是非正则的,从而使得问题的研究困难化。

通常假设工件的交货期是给定的,但很多情况下,交货期是决策者需要根据实际情况来决策的,是待定量。在供应链中的两个主体制造商和代理之间的利益关系中,制造商希望能够按时完成所有代理的订单,且满足代理的要求。如果太多的订单在某一给定的交货期之前完成,制造商不得不对其进行存储,那么就需要一定存储费用和保管费用;如果制造商承诺给顾客的交货期太近,基于加工能力和资源约束,许多订单将不能按时完工,那么制造商必须付出一定的惩罚费用并存在着失去合作机会的风险。因此,制造商有必要在制定相对较短的交货期和减少惩罚费用之间寻求平衡。正因为控制交货期的能力已成为改进生产能力的重要因素,越来越多的研究已考虑把工件交货期的确定作为排序的一部分。

在"准时"概念中,尽可能使得工件的完工时间接近其交货期或者提前和延误的工件个数尽量少,因此,提前和延误应该尽可能地避免。既然目标函数是关于工件完工时间的非正则函数,以前讨论的传统性能函数已经无效,问题的研究也相对比较困难,甚至很多相关排序问题是 NP - 完备的或者仍未解决。

在过去几十年里,有关排序问题的研究非常多,但大部分是关于传统的正则函数。然而,准时排序的目标函数是非正则的。关于提前和延误惩罚已经有很多结果,工件的交货期仅是一个时间点,如果工件恰好在这个时间点完工则不会受到惩罚,否则将会付出代价,即之前提到的准时排序。首先讨论这一问题的是 Jackson(1955),后来又有 Baker(1990)、Cheng(1989)、Koulamas(1994)对有交货期的几类特殊准时排序做过详细的综述;Hoogeveen(1997)、Chen(1998)、Gordon(2002)也做出关于提前和延误惩罚函数的综述;并且现代排序问题的书籍中对交货期的存在性做了详细讨论。

首先考虑在一台机器上加工 n 个工件,它们享有公共交货期 d。Raghavachari(1986)证明了最小化平均绝对延迟问题(简记 MAD)的最优序列是关于工件加工时间的 V 形,即在 d 之前被加工的工件按加工时间非增的顺序,而 d 之后的工件按加工时间非降的顺序。Panwalkar(1982)第一个考虑了赋权 MAD 排序问题,其中交货期是决策变量,他们用"位置权"非常有效地解决了此问题;而且这也是后来很多研究者用来解决提前时间和延误时间惩罚问题的方法。

交货期是决策变量的文献还有 Panwalkar(1982)、Cheng(1990,2004)、Chen(1996)。Gordon(2009,2012)考虑了交货期可指派的单机排序问题,在这里工件的加工时间依赖于它在排序表中的位置,目标是使交货期指派费用、不能在交货日期前完成而被丢弃的工件的总费用和总的提前费用之和达到最小。他们提出了动态规划多项式时间算法来解决工件具有恶化效应的 CON 和 SLK 交货期指派问题。Li(2011)研究了单台机器上工件具有相同恶化效应模型,分别通过 CON 和 SLK 这两种交货期指派方法来研究该模型,并给出相应的多项式时间最优算法。Koulamas(2010)、Yin(2013)等很多文献探讨了交货期位置待定的准时排序。

Cheng(1996)把问题进一步推广到加工时间可以压缩的情形;Biskup(2001)假设所有工件的加工时间可以被压缩相同数量 x,提出了最小化提前和延误时间惩罚及交货期决策费用之和的算法。Shabtay(2007)对于可控加工时间的排序问题做了详细的综述。

当一个工件的提前和延误权重相等时,称为对称的。把最小化总的赋权提前和延误惩罚记为 TWET。Hall 和 Posner(1991)证明了即使是有对称权的非限制 TWET 问题也是 NP - 困难的。当最大权被关于 n 的多项式函数界定且工件有对称权时，Jurisch 等(1997)对非限制情形给出了多项式时间算法。James(1997)应用 tabu 搜索的方法解决限制型和非限制型的 TWET 问题。

Lee(1991)研究了最小化赋权提前及延误时间、赋权延误工件个数和确定交货期费用之和的排序问题。另外，一些研究者讨论关于提前、延误、完工时间、提前和延误的工件个数及压缩加工时间付出的代价等费用之和，如文献 Biskup(1999)等。

有时，生产模型中不仅考虑工件的生产序列，还要顾及它们的递送次序。当这些工件可以成批交给顾客时，往往涉及 3 个环节：分批、确定交货期及排序。当公共交货期是限制型时，问题是 NP - 困难的。对于成组分批排序，关于多个交货期的大部分问题是 NP - 困难的，详见 Chen(1997)、Baker(2000)、Cheng(2003)、Crauwels(2005)中的讨论。另外，很多文献中涉及加工时间可控的排序问题，见文献 Nowicki(1990)、Panwalkar(1992)、Alidaee(1993)、Cheng(1993)。

Aissi(2011)等讨论了极小化总误工数的单机排序问题，其中工件的加工时间是已知量，交货期是决策变量。Hsu 等(2011)在单机的环境下，分析了带有交货期且工件加工时间与位置相关的排序问题，目标函数包括交货期、加权提前时间两部分，证明了所考虑问题在多项式时间内可以找到最优解。Yang 等(2010)考虑了带有恶化工件和恶化维修活动的交货期指派问题，其中维修活动被安排在某个工件完工之后，假设维修后机器恢复到初始状态，工件恶化重新开始，他们设计了多项式时间算法来解决问题，并且分析了一种特殊情况。Lu 等(2012)讨论了具有学习效应的加工时间可控的单机排序问题，考虑了两种加工时间模型。

以上都是在单台机器上进行加工，现讨论在 $m(m>1)$ 台机器上加工 n 个工件。假设每台机器在每一时刻至多加工一个工件，而且每个工件至多在一台机器上被加工;加工不允许中断,所有的工件准备就绪。当交货期 d 给定而且所有的平行机等同时,Sundararaghavan(1984)、Hall(1986)、Emmons(1987)讨论了关于 MAD 的排序。Kubiak(1990)证明了 WMAD 问题和最小化平均运行时间问题的等价性。Webster(1997)研究了等同机上的 MAD 排序的复杂性;并讨论当工件可以分成多个组,每个组的工件享有共同的安装任务时,带有对称权的 TWET 问题。

Emmons(1987)首先研究平行机上交货期是决策变量的情形,对于同类机和同型机上的 MAD 和 WMAD 问题给出了时间复杂性为 $O(n \log n)$ 的算法。Alidaee(1993)研究非同类型机上的 MAD 问题,并提出 $O(n^3)$ 的算法以求得最优排序和交货期。他们把 Panwalkar(1992)中讨论加工时间可控的 WMAD 问题做了推广。TWET 问题在单台机器上是一般 NP - 困难的,而在等同平行机上则是强 NP - 困难的,详见 Webster(1997)。其他平行机上的交货期待定模型,参见文献 Cheng(1994)、Adamopoulos(1998)、Biskup(1999)。

另外,Sung(2003)研究两台机器上的流水线排序,分析了关于最大延迟、延误工件个数及总延误相关的 3 个目标函数。Shabtay(2008)在多台机器的环境下研究了两类交货期指派问题,他们假设每个工件都会被任意指派一个非负的交货期,交货期越长,费用越高,目标分别是极小化提前、延误及交货期的总费用、极小化误工工件数及交货期的总费用。

1.5 窗时排序及相关结果

在现代运营管理中,企业通过改善客户服务来获得市场竞争优势。在营运方面,良好的客户服务是指尽可能在交货期内完成工作(或订单)。现实中,供应商和客户在签订供应合同时,通常会指定一个交货时间间隔,如果工件在这个时间间隔内完成则被认为是准时的,不会招致任何处罚。它是将交货期合理地设置成一个时间段,而不再是单个时间点。我们把这个时间间隔称为工件的窗时交货期或交货期窗口,该窗口的左端为窗时交货期的开始时间和右端为窗时交货期的结束时间。如果工件在窗时交货期前完成,则必须被库存,这种情况视为一个提前处罚。另外,如果工件在窗时交货期后完成,根据合同中的规定,它将导致延迟惩罚。显然,如果窗时交货期较大则可以增加供应商生产和输送的灵活性。然而,设置大型的窗时交货期和延迟工件完成时间都会降低供应商的竞争力和客户服务水平。

作为准时排序的自然推广,交货期不是一个时间点,而是一个时间区间。由于现实生产中的大部分交货期需要一定的公差容许量,交货期窗口的概念则显得尤为重要,它是一个被最早交货期 e 和最晚交货期 d 定义的时间区间,其中窗口大小为 $w = d - e$。在这个时间区间之前和之后交货都要付出额外费用。显然,这个模型更具有一般性和广泛的现实意义,相应的排序称为窗时排序,它的特殊形式是窗口大小为零的准时排序。

最早交货期 e 也被称为交货期窗口的位置,当它待定时,生产商需要衡量决定它的大小,e 越大则付出的费用越高。另外,交货期窗口的大小 w 也经常作为决策变量,因为厂商需要合理分配生产原材料以确保产品的质量和保质期。假设交货期窗口的位置和大小有单位时间的线性费用,在确定工件加工次序的同时还要决定这两个变量的值使得总费用和最小。这些都是现实生产中有待于研究的重要问题。

类似于有公共交货期的准时排序,如果交货期窗口的位置不会影响工件的最优序列,则称该窗时排序为非限制型的;当它是决策变量或者 d 大于总加工时间时,则为非限制型的排序。否则,称为限制型的。

窗时排序问题的目标是把由于提前和延误引起的效益损失减少到最小,粗略来讲,有两类惩罚函数:一类是关于提前和延误的工件个数;另一类是提前时间和延误时间所带来的惩罚,即与完工时间距离交货期窗口的时间差成正比。

首先,在第一类目标函数中,提前和延误惩罚依赖于工件是否提前或延误,而不是提前和延误了多长时间。这类问题具有非常重要的现实意义,典型的是在许多容易腐烂的产品生产中,例如,化学产品、药品及血资源的利用。这些产品保质期较短,容易过期。如果生产太早,则会失效,所以提前完工的产品个数需要严格控制。另外,如果这些产品生产过晚,则会延误使用甚至丧失本次订单的机会,于是生产商必然要承担由于延误带来的损失,它是依赖于此类工件的个数而不是延误了多长时间。总而言之,这种生产环境中的损失在于提前和延误的工件个数。

然而,更常见的是第二类惩罚函数。延误所带来的惩罚往往与延误的时间成正比,即与完工时间距离最晚交货期的差相关;而提前惩罚与提前的时间成正比,是最早交货期与其完工时间的差距,如储存费用等。所以排序的目的是最小化总的赋权提前和延误的时间惩罚。从实际生产的角度来看,这类排序更普遍,也更显示其市场竞争力。

另外,交货期窗口的位置和大小也具有一定的决策意义,被很多生产商作为衡量有效性的一个重要指标,如决定订单数量及耗费资源计划等。所以它们往往作为决策变量,需要与工件的最优序列一起确定。有时这两个变量中的某一个是给定的。

在一些文献中经常讨论几种形式的组合问题,而且有些限制条件也会使得寻找最优排序非常困难。这里,我们给出以下几个比较简单的情形。

①单台机器:所有工件都在一台机器上被加工。

②工件是相互独立的。

③工件需要一定的安装任务。

④多个工件可以同时被加工。

⑤平行机：工件在多台平行机上被加工。

⑥目标函数是以上提到的两种类型，也包括为确定交货期窗口所付出的决策费用。

近几十年，关于提前和延误惩罚的结果很多，但集中在准时排序的讨论中。关于窗时排序的文章不多而且大部分是关于公共交货期窗口。

首先是 Anger(1986) 讨论最小化交货期窗口之外被加工的工件个数，引入"交货期窗口"这一术语；Cheng(1988) 中假设交货期窗口足够小使得至多有一个工件在其中完工，研究最小化提前和延误时间的最优排序。Lee(1991) 考虑在没有延误的前提下最小化最大提前时间的问题，证明了对任意交货期窗口的大小，问题是 NP - 困难的；当其大小给定时，可以在多项式时间内解决。真正引入"交货期窗口"概念的是 Kramer(1993)，考虑提前和延误时间的惩罚。当交货期窗口的位置待定但无费用的时候，他给出了多项式时间算法；而交货期窗口给定且最晚交货期小于总加工时间时，问题是 NP - 完备的并给出拟多项式时间算法。Liman(1994) 研究最小化赋权提前时间惩罚和延误工件个数的排序问题，他们证明了限制型和非限制型都是 NP - 完备的并给出拟多项式时间的动态规划算法。Weng(1995)、Liman(1996,1998) 也讨论了同样的问题，只是针对交货期窗口的位置或大小是已知还是待定而论。

至于加工时间可控的窗时排序，Liman(1997) 讨论加工时间的压缩量有上界且有线性费用，并且排序是要确定交货期窗口的大小和位置、工件的运行时间及加工次序。他们证明了存在一个最优排序使得工件的加工时间要么压缩到最大要么根本不压缩，将其转化为分派问题，从而可以借助于位置权和分派问题的一些好算法求解。

Yeung(2001) 讨论第一类目标函数且交货期窗口的位置待定，并证明当每个工件的惩罚系数任意时此问题是 NP - 完备的，进而得到一个拟多项式时间算法;然后探讨两种特殊情况下的多项式时间算法。后来他讨论了关于赋权提前和延误时间、提前和延误的工件个数、交货期窗口定位、完工时间等的惩罚函数,他们提出了拟多项式时间算法并对几类特殊情况给出多项式时间算法。

另外,也有几篇文献讨论有随机因素的窗时排序,如 Jang (2002)。至于成组分批加工排序,Suriyaarachchi(2003)研究了工件属于多个互不相容的组并享有组安装任务的窗时排序以最小化提前和延误时间惩罚,但是即使当 $e=0$ 时,问题的复杂性仍然没有解决。

Janiak(2004)在原始的加权提前和延误基础上,讨论了带有相同交货期窗口的单机排序问题。Yin(2013)研究了带有相同交货期窗口的分批排序问题。相关文章还有 Janiak(2013)等。现代排序中又加入了老化效应、维修费用等,Yang 等(2010)讨论了带有工件老化效应、交货期窗口和机器可维修的排序问题,目标是确定最优维修时间、交货期窗口的起始时间及其最优排序以便极小化提前、延误、交货期窗口待定的总费用,并对他们所研究的问题给出了多项式解法,从而将单机的交货期问题进一步阐释。Yin(2013)讨论了在交货期窗口相同情况下的分批交货期费用的单机排序问题。交货期窗口的起始时间和长度都是决策变量,目标是通过探讨最优排序,确定工件的交货期窗口位置和大小,从而极小化总的费用及加权误工数等。

Mosheiov(2010)研究了带有相同交货期窗口的单机排序问题,并证明了当目标函数为极小化最大完工时间时,该问题为NP-困难的,同时证明在两种特殊情况(工件具有相同加工时间和工件具有相同交货期)下该问题是多项式可解的。Mor(2012)提出了带有维修活动且具有相同交货期窗口的单机排序问题,并将维修活动分为三种情况进行讨论:维修活动持续时间是一个固定值、维修持续时间是一个和工件开始时间有关的线性递增函数及维修持续时间是一个和位置有关的函数。目标函数是尽量减少总加权流时间的费用,并针对该问题给出了多项式算法。Meng(2012)研究了带有退化效应和交货期窗口的单机排序问题,工件的真实加工时间是与开始时间有关的线性增函数,目标是确定最优的交货期提前时间、交货期窗口长度和最优排序,从而尽量减少由提前、延误、交货期窗口的提前时间和交货期窗口长度所决定的惩罚费用,并针对该问题在多项式时间内给出最优算法。

对于多台平行机,Kramer(1994)证明了当待定的交货期窗口位置没有惩罚时,即使只有两台机器,最小化所有工件的赋权提前/延误时间惩罚也是 NP – 完备的,并对两台机器给出动态规划算法。Huang(2000)对以上问题提出了启发式算法得到近似解。Chen(2002)讨论了平行机上的限制型窗时排序问题,其中对不同的工件有不尽相同的提前和延误惩罚;根据列产生方法提出了分枝定界方法,能够在合理时间内有效地解决 40 个工件的排序。而在 Yeung(2004)中,研究两阶段流水线的窗时排序问题,它是强NP – 完备的,他们给出了分枝定界算法和启发式算法。Wang(2011)研究了带有退化维修活动的平行机排序问题,目标是尽量减少完工最大时间及总的等待时间。

1.6 符号表示

工件	$J_1, J_2, \cdots, J_n$;通常用 J_i 表示,$i \in \{1, 2, \cdots, n\}$
工件集合	$J = \{J_1, J_2, \cdots, J_n\}$
加工时间	$p_1, p_2, \cdots, p_n$
开始时间	$S_1, S_2, \cdots, S_n$
完成时间	$C_1, C_2, \cdots, C_n$
工件个数	n
尺寸大小	$s_1, s_2, \cdots, s_n$
机器容量	S
最早交货期	e
最晚交货期	d

窗口大小　　　w

提前时间　　　E_i　$i \in \{1,2,\cdots,n\}$

延误时间　　　T_i　$i \in \{1,2,\cdots,n\}$

提前权值　　　α_i　$i \in \{1,2,\cdots,n\}$

延误权值　　　β_i　$i \in \{1,2,\cdots,n\}$

提前记数　　　U_i　$i \in \{1,2,\cdots,n\}$

误工记数　　　V_i　$i \in \{1,2,\cdots,n\}$

机器　　　　　$M_1,M_2,\cdots,M_m$

排序　　　　　σ

目标函数　　　$Z(\sigma)$

1.7　本书的贡献与组织结构

本书研究工件享有公共交货期窗口的窗时排序问题,结合几个常见的生产环境讨论其最优算法,以最小化由于提前和延误带来的损失。

第 2 章研究有交货期窗口的单机排序问题,目的是最小化赋权的提前、延误工件数,即第一类目标函数。在提出一系列最优性质的基础上,对交货期窗口待定但惩罚系数任意时的情况给出了相应的动态规划算法。紧接着又就所有的提前费用相同、所有延误费用相同时,对交货期窗口的位置和大小是给定还是待定几种情况进行了探讨,提出了相应的多项式时间算法。

第 3 章探讨了最小化提前和延误时间的窗时排序问题,对于交货期窗口给定的情况,提出了最优排序所具有的一些结构特点,并用工件的位置权重得到了一个拟多项式时间的动态规划算法。当交货期窗口待定时,文中提出了有、无定位费用两种情况下的多项式时间算法。而对于多个目标的综合函数,本章讨论了两种复杂情形,用动态规划的构造方法得到了它们的拟多项式时间算法。

第 4 章研究了有公共交货期窗口的同时加工排序，一台机器上可以同时加工多个工件。这里讨论批容量无界的情形。首次把窗时排序和同时加工排序结合起来，具有非常重要的理论价值和现实意义。对交货期窗口给定及其位置待定两种情况，经分析最优排序的性质分别给出了有效算法，以最小化关于提前时间和延误时间的惩罚；而且当最早交货期待定时，总费用要包括交货期窗口的定位费用。

第 5 章探讨了在一台成批加工的机器上生产的排序问题，批的容量是 b，所有工件有公共交货期窗口。本章讨论的是有界情形，即 $b < n$，而且交货期窗口的位置或大小是待定的决策变量，目的是最小化提前和延误赋权工件数。当一个工件的提前和延误惩罚系数是任意整数时，证明了此问题是强 NP - 完备的，进而给出了一些最优性质。

当提前惩罚或交货期窗口的定位费用为零时，问题仍然是 NP - 完备的，文中给出了拟多项式时间算法，也说明了这两个问题是普通 NP - 完备问题。而当提前和延误惩罚系数与工件无关时，验证了它是 P - 问题，经分析得到了多项式时间算法。继而给出了窗口位置和大小都待定的有效算法。最后推广到多台平行机上。

第 6 章研究了有公共交货期窗口的同时加工排序问题，而且批容量是有限的，每个批至多同时加工 b 个工件。目的是最小化总的赋权提前/延误惩罚，通过分析，得到了最优排序的几个性质。进而本章解决了两类特殊情况。最后将问题推广到平行机上，提出新的结构性质，并得到它的 PTAS。

第 7 章讨论了有公共交货期窗口的成组分批排序，最小化提前/延误赋权工件数。当交货期窗口的位置待定时，在提出几个最优性质的基础上得到了最优算法，用时为 $O(n^2)$。接着研究了交货期窗口的位置和大小都是待定的决策变量，与最优排序一起确定。由于安装任务的影响，问题变得比较复杂。经过分析讨论，可以在 $O(n^2)$ 时间内得到最优排序。

第 8 章讲述了一类复杂批调度即工件具有不同尺寸的批处理问题,目标函数是最小化由于提前和延误带来的总惩罚费用。但该问题是强 NP – 完备的,研究加工时间、尺寸等参数对费用的影响及最优调度所具有的结构特点,并提出了一个启发式算法,充分利用了参数信息并简便易行。

最后是总结与展望及参考文献部分。

第 2 章　最小化提前/延误的赋权工件个数

2.1　引言

随着"准时"理念在现实生产中指导作用的发展,最小化提前和延误惩罚的排序问题已经成为近几年的一个热门研究领域。在很多形式下,提前和延误惩罚依赖于此类情况的工件个数,而不是提前和延误了多长时间。因此,排序的目的是最小化提前和延误的工件个数;它有重要的现实意义,应用广泛。例如,在化工领域及一些容易腐烂的产品生产中,产品的保质期较短,如果早早地生产出来不被使用,就会过期;延误了生产又会带来违约费等,所以提前和延误工件的数量需要严格控制。

比较典型的应用是从血站向健康保健部门送血。由于血的自然特征,在采集之后,只能保持有限的天数,如果在这段时间不被利用就会失效,必须丢弃;从而导致提前惩罚,此费用取决于提前血包的个数。另外,如果血包的送达时间晚于所需要的时间,后果会非常严重,甚至危及病人的生命。所以,在这种情况下,延误带来的惩罚由延误血包的个数决定。

而且,机构的决策者经常需要根据实际情况确定交货期窗口的起始位置,即从血站运送血包的最早到达时间。如果交货期窗口的位置太远,患者需要等很长时间,血包的晚到造成缺血,使患者非常危险。所以,交货期窗口定位费用也可以用来衡量风险费用及顾客等待的补偿。

另一个应用例子是工厂生产容易腐烂的产品,而且订单来自同一个经销商,从而这些产品有公共交货期窗口。当交货期窗口的位置需要内部决定时,生产商要商讨确定顾客的取货时间。如果交货期窗口的位置越远,定位费用就越高。所以,经常把它作为一个决策变量,其费用也与库存及顾客的满意度有关。另外,交货期窗口的大小代表着生产资源的分配情况及顾客规定交货期所允许的时间差,从而伴随一定的费用付出。所以,经常作为与最优工件序列一起确定的变量。

伴随着人民群众物质生活水平的提高,大家对饮食质量的要求越来越严格,"生鲜"也成了这个时期的代名词,大家对食物的要求不再只是美味,更添加了养生和健康。我们知道保质期长的食物,往往被添加了各种各样的防腐剂等化学试剂,居民为了健康着想,就会选择一些保质期较短的食品。对于一些必需品,也是选择在同类食品中距离生产日期最近的食品。那么生产商为了提高竞争力,不仅仅要提高货物的质量,同时也要保证货物的新鲜。那么对于这样的问题,工件完工后等待运输的储存时间就不可以太长,否则就会造成产品不"新鲜",难以销售。这也是一个考察提前和延误个数的典型应用。

所以本章考虑的费用取决于提前和延误的工件个数,下面进行描述并探讨其有效方法。

2.2　交货期窗口的位置待定

在 Yeung(2001)的文献中,当提前和延误惩罚系数与工件有关且交货期窗口的位置待定时,他们给出了问题的 NP-完备性证明,并根据最优排序的几个性质,提出拟多项式时间算法,进而解决了两类特殊情况的多项式时间算法:①所有工件的提前费用相等,延误费用也相等,即 $\alpha_i = \alpha$ 及 $\beta_i = \beta, i = 1, 2, \cdots, n$;②所有工件的运行时间相等。

问题描述如下。有 n 个工件的集合 $J = \{J_1, J_2, \cdots, J_n\}$ 要在一台

机器上被加工,该机器每次只能加工一个工件。将工件集合记为 J,假设这些工件同时到达,设 $J_i(i=1,2,\cdots,n)$ 的加工时间为 p_i,开工时间为 S_i,则完工时间 $C_i=S_i+p_i$。这些产品的订单来自一个顾客,从而有相同的交货期窗口 $[e,d]$,其中 e 是最早交货期,d 是最迟交货期,交货期窗口的大小为 $w=d-e$。若 $C_i\in[e,d](i=1,2,\cdots,n)$,则称 J_i 按时完工,不会受到惩罚;而在 e 之前(提前)完工,出现提前惩罚 α_i;在 d 之后(延误)完工则要受到惩罚 β_i。于是定义下列 $0\sim1$ 变量。

$$U_i=\begin{cases}1,若\ C_i<e\\0,否则\end{cases};V_i=\begin{cases}1,若\ C_i>d\\0,否则\end{cases}$$

假设涉及的参数都是非负整数。本章最小化赋权提前/延误工件数,并伴随有交货期窗口的决策费用。

关于排序 σ,提前集合、准时集合及延误集合分别定义为 $E(\sigma)=\{J_i\mid C_i<e\}$,$W(\sigma)=\{J_i\mid e\leqslant C_i\leqslant d\}$ 和 $T(\sigma)=\{J_i\mid C_i>d\}$。在不引起混淆的情况下,省略参数 σ,并相应地记为 E、W 及 T。

本节假设交货期窗口的位置待定,我们的目标是寻找排序 σ 以最小化。

$$Z_1(\sigma)=\sum_{i=1}^{n}(\alpha_iU_i+\beta_iV_i)+\gamma d$$

其中,γ 是窗口位置的单位时间费用,而 $\alpha_iU_i+\beta_iV_i$ 则是工件 J_i 的提前和延误惩罚。将该问题记为 DWP。下面给出几个重要性质,对寻找最优算法起到关键作用。

性质 1 最优排序中,从第一个被加工的工件至最后一个工件之间没有空闲时间。

如果在提前集合或准时集合中存在空闲时间 t,则将 t 后面的工件及交货期窗口向左移动 t,于是总费用减少。如果延误集合中有空闲时间,右移其后的工件,总费用至少不会增加。

性质 2 存在最优排序,使得第一个被加工的工件 $J_{[1]}$ 在零时刻开工,即 $S_{[1]} = 0$。

该性质可以用反证法。把整个工件序列及交货期窗口向左移动使得第一个被加工的工件在零时刻开工,势必会减少总费用。

性质 3 存在最优排序,则某工件在 d 时刻完工,或者 $e = 0$,不存在 d 时刻完工的工件。

证明:假设第 i 个加工的工件 $J_{[i]}$ 使得 $S_{[i]} < d, C_{[i]} = d + \varepsilon$,其中 $\varepsilon > 0$。将交货期窗口向左移动 $\min\{e, p_{[i]} - \varepsilon\}$ 来构造新的排序记为 σ'。

(1)如果 $p_{[i]} - \varepsilon \leqslant e$,如此操作后引起的变化为:$J_{[i-1]}$ 在 d 时刻完工,某提前工件会变得准时,交货期窗口的定位费用减少。于是总费用的变化为:

$$\Delta Z = Z(\sigma') - Z(\sigma) \leqslant -\gamma(p_{[i]} - \varepsilon) < 0$$

与 σ 的最优性矛盾。

(2)如果 $p_{[i]} - \varepsilon > e$,如此操作后使得新的交货期窗口定位为 0,即 $e = 0$,但是 $C_{[i]} > d$,于是

$$\Delta Z = Z(\sigma') - Z(\sigma) \leqslant -\gamma e < 0$$

结论得证。

所以在问题的求解中通常要考虑两种情况:$e = 0$ 和 $e \geqslant 1$,尤其是后者,可能存在某个工件 J_j 使得 $S_j < e$ 但 $C_j > e$,称作跨越 e 的工件,记作 J_e。同理,跨越 d 的工件记为 J_d。为了得到最优排序,限制它们满足性质 1 至性质 3。

由于这里不涉及提前时间和延误时间,只关注提前和延误的工件数目,所以得到以下性质。

性质 4 在最优排序中,除"跨越"工件外,E、$W - \{J_e\}$ 及 T 中工件的顺序是任意的。

性质 5 在最优排序中,如果 $e \geqslant 1$,对工件 $J_i \in J$ 满足 $\alpha_i + \gamma p_i < \beta_i$,则 J_i 不可能是延误工件;如果 $\alpha_i + \gamma p_i > \beta_i$,则 J_i 不可能是提前工件。

证明：由于 $e \geqslant 1$，根据性质 3，第一个延误工件在 d 时刻开始。假设 $J_i \in J$ 满足 $\alpha_i + \gamma p_i < \beta_i$，但 J_i 是延误工件。将 J_i 放入 $E(\sigma')$ 得到新的排序 σ'，则费用变化为：

$$\Delta Z = Z(\sigma') - Z(\sigma) = \alpha_i + \gamma p_i - \beta_i < 0$$

与 σ 的最优性矛盾。所以 J_i 不可能是延误工件。

如果 $\alpha_i + \gamma p_i > \beta_i$，同理可证 J_i 不可能是提前工件。证毕。

虽然通过以上性质，了解了最优排序的一些结构特点，但是在得到 DWP 的有效算法之前，还需要考察其复杂性。下面将划分问题多项式时间规约到它。

划分问题：给定有限的正整数集 $A = \{a_1, a_2, \cdots, a_n\}$，是否存在 A 的子集 A' 使得 $\sum\limits_{a_i \in A'} a_i = \sum\limits_{a_i \in A \backslash A'} a_i = D$？

构造 DWP 的一个实例如下。

工件集合　　　　　$J = \{J_1, J_2, \cdots, J_n\}$

工件个数　　　　　n

加工时间　　　　　$p_i = a_i \quad J_i \in J$

窗口大小　　　　　$w = \dfrac{1}{2} \sum\limits_{a_i \in A'} a_i = D$

最早交货期　　　　$e = 0$

提前权重　　　　　$\alpha_i = a_i \quad J_i \in J$

延误权重　　　　　$\beta_i = a_i \quad J_i \in J$

窗口定位系数　　　$\gamma = 2D$

总费用　　　　　　$D + 2D^2$

引理 1　如果存在 A 的子集 A' 使得 $\sum\limits_{a_i \in A'} a_i = \sum\limits_{a_i \in A \backslash A'} a_i$，则存在 DWP 的一个排序使得总惩罚费用为 $D + 2D^2$。

证明：给定子集 A' 使得 $\sum\limits_{a_i \in A'} a_i = \sum\limits_{a_i \in A \backslash A'} a_i$，相应地定义准时工件集合 $W(\sigma)$：$p_i = a_i$，其中，$a_i \in A'$；相应于 $A \backslash A'$ 定义延误工件集合 $T(\sigma)$：

$\beta_i = a_i$，其中 $J_i \in T(\sigma)$，$a_i \in A \backslash A'$。因此

$$\sum_{J_i \in w(\sigma)} p_i = \sum_{J_i \in T(\sigma)} \beta_i = w = D$$

$\gamma w = 2D^2$。因为不存在提前工件，所以总费用为：

$$\sum_{J_i \in T(\sigma)} \beta_i + \gamma w = D + 2D^2$$

得证。

引理 2　如果问题 DWP 存在费用不超过 $D + 2D^2$ 的解，则准时集合中的最后一个工件（记为 J_r）在 d 时刻完工，且

$$\sum_{J_i \in w(\sigma)} p_i = \sum_{J_i \in T(\sigma)} \beta_i = D$$

证明： 假设 J_r 的完工时间为 $d + \varepsilon$，其中 $\varepsilon \geqslant 1$，则总费用为：

$$\sum_{J_i \in T(\sigma)} \beta_i + \gamma w > D + 2D^2$$

如果将交货期窗口向右移动 ε，则总费用为：

$$\begin{aligned}
\sum_{J_i \in T(\sigma)} \beta_i + \gamma(w + \varepsilon) &> D - \beta_r + \gamma(w + \varepsilon) \\
&= D + 2D^2 + 2D\varepsilon - \beta_r \\
&> D + 2D^2
\end{aligned}$$

所以，J_r 在 d 时刻完工，且 $\displaystyle\sum_{J_i \in w(\sigma)} p_i = \sum_{J_i \in T(\sigma)} \beta_i = D$。证毕。

综合引理 1、引理 2 得到该问题的复杂性如下。

定理 1　问题 DWP 是 NP - 完备的。

根据性质 3，分 $e = 0$ 和 $e \geqslant 1$ 两种情况利用动态规划讨论 DWP 的有效算法。

假设 $e \geqslant 1$，先选取跨越工件 J_l，$1 \leqslant l \leqslant n$，并从工件集合 J 中去掉它，使其完工时间为 $e + \varepsilon$，其中 $\varepsilon = 0, 1, \cdots, p_l - 1$。分别定义可能的提前集合和延误集合为：

$$PE_l(\sigma) = \{J_i \mid J_i \in J \backslash \{J_J\}, \alpha_i + \gamma p_i < \beta_i\}$$

$$PT_l(\sigma) = \{J_i \mid J_i \in J \backslash \{J_J\}, \alpha_i + \gamma p_i \geqslant \beta_i\}$$

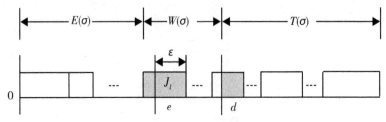

图2.1 存在跨越工件

$PE_l(\sigma) \cup PT_l(\sigma)$ 中有 $n-1$ 个工件，每次取其中一个工件排在准时集合中使它们占用的时间为 $w-\varepsilon$。定义相应的准时集合：

$$W_l^{\varepsilon}(\sigma) = \{J_i | J_i \in J, e \leqslant C_i \leqslant d\}$$

用 $Z_l^{\varepsilon}(s,k)$ 表示排完前 $s(s \neq l)$ 个工件、占用了交货期窗口中的时间为 k、J_l 占用了交货期窗口中的时间为 ε 时节省的费用。有以下动态规划。

算法1

边界条件：

$$Z_l^{\varepsilon}(0,k) = \begin{cases} 0, & \text{如果 } \varepsilon = 0,1,\cdots,p_l-1; k=0,1,\cdots,w-\varepsilon \\ -\infty, & \text{否则} \end{cases}$$

其中，$l = 1,2,\cdots,n$。

$Z_l^{\varepsilon}(s,k) = -\infty$ 如果 $k<0, l=1,2,\cdots,n; \varepsilon=0,l,\cdots,p_l-1; s=1,2,\cdots,n, s \neq l$。

循环：

$$Z_l^{\varepsilon}(s,k) = \max \begin{cases} Z_l^{\varepsilon}(s-1,k) \\ Z_l^{\varepsilon}(s-1,k-p_i) + \min(\alpha_s + \gamma p_s, \beta_s) \end{cases}$$

其中，$l=1,2,\cdots,n; \varepsilon=0,1,\cdots,p_l-1; s=1,2,\cdots,n, s \neq l; k=0,1,\cdots, w-\varepsilon$。

最优解：

$$\max\{Z_l^{\varepsilon}(n',w-\varepsilon); l=1,2,\cdots,n; \varepsilon=0,1,\cdots,p_l-1\}$$

其中，如果 $l \neq n$，则 $n' = n$；如果 $l = n$，则 $n' = n-1$。

回溯说明：

对 $l=1,2,\cdots,n,\varepsilon=0,1,\cdots,p_l-1$，把工件排入准时集合能够节省的最大费用记为 $Z_l^\varepsilon(n',w-\varepsilon)$，可以用如下方法确定准时集合 $W_l^\varepsilon(\sigma)$。对于 $l=1,2,\cdots,n,\varepsilon=0,1,\cdots,p_l-1,s=1,2,\cdots,n,s\neq1$，$k=0,1,\cdots,w-\varepsilon$，给定的 $Z_l^\varepsilon(s,k)$，用后向迭代得到布尔向量 $x^{l,\varepsilon^*}=(x_1^{l,\varepsilon^*},x_2^{l,\varepsilon^*},\cdots,x_s^{l,\varepsilon^*},\cdots,x_n^{l,\varepsilon^*})$。如果 $x_s^{l,\varepsilon^*}=1$，工件 J_s 放入准时集合，其中 $s=1,2,\cdots,n,s\neq l$。如果 $x_s^{l,\varepsilon^*}=0$ 工件 J_s 仍然在集合 $PE_l(\sigma)\cup PT_l(\sigma)$ 中。用下式来确定向量 x^{l,ε^*}：

$$x_{n'}^{l,\varepsilon^*}=\begin{cases}0,\text{如果 } Z_l^\varepsilon(n',w-\varepsilon)=Z_l^\varepsilon(n'',w-\varepsilon)\\1,\text{否则}\end{cases}$$

其中，如果 $s\neq n'-1$，则 $n''=n'-1$；如果 $s=n'-1$，则 $n''=n'-2$。

令 $w_s^{l,\varepsilon^*}=w-\varepsilon-\sum_{q=s+1}^{n'}p_qx_q^{l,\varepsilon^*}$，其中 $l=1,2,\cdots,n;\varepsilon=0,1,\cdots,p_1-1;s=n'-1,n'-2,\cdots,1,s\neq l$。于是得到下面式子：

$$x_s^{l,\varepsilon^*}=\begin{cases}0,\text{如果 } Z_l^\varepsilon(s,w_s^{l,\varepsilon^*})=Z_l^\varepsilon(s-w_s^{l,\varepsilon^*})\\1,\text{否则}\end{cases}$$

其中，$l=1,2,\cdots,n,\varepsilon=0,1,\cdots,p_1-1,s=n'-1,n'-2,\cdots,1,s\neq l$。

我们令 $E_l^\varepsilon(\sigma)=PE_l(\sigma)\backslash W_l^\varepsilon(\sigma),T_l^\varepsilon(\sigma)=PT_l(\sigma)\backslash W_l^\varepsilon(\sigma)$ 来确定集合 $E_l^\varepsilon(\sigma)$ 及 $T_l^\varepsilon(\sigma)$。对于给定的 $l=1,2,\cdots,n,\varepsilon=0,1,\cdots,p_1-1$，最小总惩罚费用为：

$$Z_l^\varepsilon(\sigma,d)=\sum_{J_s\in E_l^\varepsilon(\sigma)}\alpha_s+\gamma\sum_{J_s\in T_l^\varepsilon(\sigma)}p_s+\sum_{J_s\in T_l^\varepsilon(\sigma)}\beta_s$$

所以，局部最小费用由 $Z'_{\min}(\sigma,d)=\min\{Z_l^\varepsilon(\sigma,d)\}$ 得到。

算法 2

固定交货期窗口的位置 $e=0$，不存在提前工件，用 $Z(i,k)$ 表示把前 i 个工件放入准时集合且占用时间为 k 时能节省的最大惩罚。

该算法用与算法 1 类似的方法，$W(\sigma)$ 为准时集合，$T(\sigma)=J-W(\sigma)$。

边界条件：

$$Z(0,k) = \begin{cases} 0, 如果 \ k = 0,1,\cdots,w \\ -\infty, 否则 \end{cases}$$

$$Z(j,k) = -\infty, 如果 \ k < 0, i = 1,2,\cdots,n$$

循环：

$$Z(j,k) = \max \begin{cases} Z(i-l,k) \\ Z(i-1,k-p_i) + \beta_i \end{cases}$$

其中，$i = 1,2,\cdots,n; k = 0,1,\cdots,w$。

最优解：

$$最大节省费用 = Z(n,k)$$

回溯：用下列方法确定 $W(\sigma)$。

$$x_n^* = \begin{cases} 0, 如果 \ Z(n,w) = Z(n-1,w) \\ 1, 否则 \end{cases}$$

令 $k_i^* = w - \sum_{q=i+1}^{n} p_q x_q^*$，其中，$i = n-1, n-2, \cdots, 1$。于是得到：

$$x_i^* = \begin{cases} 0, 如果 \ Z(i,k_i^*) = Z(i-1,k_i^*) \\ 1, 否则 \end{cases}$$

其中，$i = n-1, n-2, \cdots, 1$。

当得到 $W(\sigma)$，令 $T(\sigma) = J - W(\sigma)$。最小总惩罚由下式确定：

$$Z''_{\min}(\sigma,d) = \gamma w + \sum_{J_i \in T(\sigma)} \beta_i$$

总算法

执行算法 1；

执行算法 2；

$$Z_{\min}(\sigma,d) = \min\{Z'_{\min}(\sigma,d), Z''_{\min}(\sigma,d)\}。$$

2.3　交货期窗口的大小待定

在 2.2 节,我们给出了几个结构化性质和最优解。当交货期窗口大小 w 待定时,设 $\delta(\delta>0)$ 为其单位时间费用,在实际应用中,δ 可以用来表征工业竞争力。于是,排序 σ 的惩罚函数为:

$$Z_2(\sigma) = \sum_{i=1}^{n}(aU_i + \beta V_i) + \delta w$$

也就是说,要找一个最优排序以最小化提前和延误的赋权工件数与窗口大小的决策费用之和。

定义 $(x)^+ = \max(x,0)$。如果 $\delta \geqslant \beta$,则 $w=0$。若 $\alpha>\beta$,必有 $E=\varnothing$。不失一般性,假设 $\delta<\beta$ 且 $\alpha\leqslant\beta$。2.2 节的性质 1 至性质 4 对此问题仍然成立。

性质 6　对工件 $J_k \in J$ 和最优排序 σ,如果 $\delta p_k \leqslant \alpha$,则 $J_k \in W(\sigma)$。

证明:假设 $J_k \in E(\sigma)$,把它移入 $W(\sigma)$ 使得 w 扩大 p_k,如果改变后的 $E(\sigma)$ 中能容纳 $T(\sigma)$ 的最小者,则把它放入 $E(\sigma)$,新得到的排序记为 σ'。则费用变化了 $\Delta Z_2 = Z_2(\sigma') - Z_2(\sigma) \leqslant \delta p_k - \alpha \leqslant 0$,与 σ 的最优性矛盾。另一方面,由于 $\delta p_k \leqslant \alpha \leqslant \beta$,可知 $J_k \notin T(\sigma)$。所以 $J_k \in W(\sigma)$。证毕。

算法 3

步骤 3.1　将 J 中的工件按 SPT 序排列使得 $p_1 \leqslant p_2 \leqslant \cdots \leqslant p_n$。置 $i=1$。

步骤 3.2　计算满足 $\alpha = \delta k_1$ 的 $[w_1]$。如果 $e+[w_1]<p_1$,令 $w=0$ 及 $E=W=\varnothing$。否则,令 $w=[w_1]$ 且 $W=\{J_1\}$ 使得 $C_1 = e+w$。再将 $J-W$ 中的工件尽可能多地放入 E,余下的工件放入集合 T。

步骤 3.3　置 $i:=i+1$。如果 $e+[iw_1] \geqslant p_1+\cdots+p_i$ 且 $p_1+\cdots+p_{i-1}+\max\{(p_i-e)^+,[w_1]\} \leqslant [iw_1]$,令 $W=\{J_1,\cdots,J_i,w=[iw_1]$。否则,执行 $i-1$ 时的分配。类似于步骤 3.2 分配 $J-W$ 中的工件。

步骤 3.4　若 $i<n$,返回步骤 3.3。对应每个 i 得到的排序,如果

第一项工件的开始时间不为 0，向左移动整个序列，使得在不改变集合 W 的前提下以最小化 w。然后计算总的惩罚。

步骤 3.5   比较以上所有的惩罚函数值，选取最小值对应的排序作为最优排序。

可以看出，算法 3 是对 W 中有哪些工件进行了枚举，而且如果 $J_{i+1} \in W$，则必有 $J_i \in W$，其中 $1 \leqslant i < n$。该算法的最优性不证自明。其中，步骤 3.1 和步骤 3.5 所用的时间都是 $O(n \log n)$，其他步骤至多用了 $O(n^2)$。总之，有以下结论成立。

定理 2   当交货期窗口的大小待定时，算法 3 在 $O(n^2)$ 时间内得到最优排序。

2.4   交货期窗口的位置和大小均待定

交货期窗口由最早交货期 e 和窗口大小 w（或称"长度"）来确定，则最晚交货期 $d = e + w$。在本节，考虑交货期窗口的位置和大小都是待定决策变量的最优排序，即 w 和 e 都是待定的。如今的竞争社会里，它们可以用来表征工业竞争力；当费用系数较大时，决策者期望比较早的交货期和相对小的窗口大小。我们的目标是找排序 σ 以最小化。

$$Z_3(\sigma) = \sum_{i=1}^{n} (\alpha U_i + \beta V_i) + \gamma e + \delta w$$

其中，γ 和 δ 分别是窗口位置和大小的单位时间费用，而 αU_i 和 βV_i 则是工件 J_i 的提前和延误惩罚。假设以上参数都是正整数。

显然，性质 1 至性质 4 仍然有效，并且第一个工件在零时刻开始加工，从而最后一个工件的完工时间 $MS = \sum_{i=1}^{n} p_i$。然而，一个最优排序仍然不能由以上性质所确定，需要进一步分析参数之间的关系。不失一般性，假设工件以加工时间非降的顺序标记使得 $p_1 \leqslant p_2 \leqslant \cdots \leqslant p_n$。

性质 7　如果 $\delta < \gamma$,则最优排序中 $e = 0$。

证明:反证法,假设 $e \geq 1$。重置 $e' = 0$ 而 d 不变,则费用变化为 $\Delta Z_3 \leq (\delta - \gamma) e < 0$。所以必有 $e = 0$。证毕。

也就是说,当其他费用相等时,较大的 γ 值和较小的 δ 值将使得最优排序中交货期窗口的位置较早且长度比较大。

性质 8　在最优排序 σ 中,如果 $e = 0$,则 $w = \sum_{i=0}^{k} p_i$,其中 $k = \max\{j \mid \delta p_j \leq \beta\}$。

证明:根据性质 1 和性质 4,因为 $e = 0$,则 $w = \sum_{i=0}^{j} p_i$,其中 $0 \leq j \leq n$。假设存在某工件 $J_k \in T(\sigma)$ 且 $\delta p_k \leq \beta$。把 J_k 移入 $W(\sigma)$ 并把 w 增大 p_k,则 $\Delta Z_3 = \delta p_k - \beta \leq 0$。与 σ 的最优性矛盾,所以最优排序中必有 $J_k \in W(\sigma)$。从而交货期窗口包含所有满足 $\delta p_i \leq \beta$ 的工件 J_i,它们的总加工时间值等于 w。证毕。

性质 9　最优排序 σ 中,如果 $\delta > \gamma + \alpha$ 及 $e \geq 1$,则 $w = 0$。

证明:因为 $\delta > \gamma$ 及 $e \geq 1$,必有位置较晚、长度较小的交货期窗口。于是,如果 $w = \sum_{i=0}^{j} p_i + \varepsilon$,其中 $1 < \varepsilon \leq p_{j+1}$,$0 \leq j \leq n - 1$,根据性质 4,知 $J_{j+1} = J_e$。于是减小 w 使得 $\varepsilon = 1$ 而 d 不变。由于 $\delta > \gamma$,排序的性能会得到改进。

但是如果 $w = \sum_{i=0}^{j} p_i + 1$,把 e 增大 1 使得 w 减小 1,则费用变化为 $\Delta Z_3 = \gamma - \delta + \alpha < 0$。于是得到 $w = \sum_{i=0}^{j} p_i$。但根据 U_i 的定义,$w = \sum_{i=0}^{j} p_i$ 并不是最优的;重复上面的讨论,得到 $w = 0$。证毕。

推论 1　如果 $\gamma < \delta < \gamma + \alpha$ 且 $e \geq 1$,则 $w = \sum_{i=0}^{j} p_i + 1$,其中 $0 \leq j \leq n - 1$。

性质 10　在最优排序 σ 中,对工件 $J_i \in J$:

①如果 $\alpha + \gamma p_i > \beta$，则 $J_i \notin E(\sigma)$；

②如果 $\alpha + \gamma p_i < \beta$，则 $J_i \notin T(\sigma)$。

证明： 只需证明①。根据性质 2，σ 的第一个延误工件恰好在 d 时刻开始加工。

假设工件 $J_i \in E(\sigma)$ 满足 $\alpha + \gamma p_i > \beta$。在 σ 的基础上构造新的排序 σ'：把 J_i 放入 $T(\sigma')$，并把 J_i 后面的工件及交货期窗口向左移动 p_i。于是总费用变化了 $\Delta Z_3 = \beta - (\alpha + \gamma p_i) < 0$。所以 $J_i \notin E(\sigma)$。证毕。

推论 2 如果 $\alpha \geqslant \beta$，则对任意排序 σ，有 $E(\sigma) = \varnothing$。

算法 4

步骤 4.1 按加工时间的 SPT 序标记工件使得 $p_1 \leqslant p_2 \leqslant \cdots \leqslant p_n$。

步骤 4.2 若 $\delta \leqslant \gamma$，置 $e = 0$ 并转至步骤 4.3。否则，执行步骤 4.2.1。

步骤 4.2.1 令 $e = 0$，执行步骤 4.3。

步骤 4.2.2 （$e \neq 0$）确定潜在提前集合 $E'(\sigma) = \{J_i \mid J_i \in J, \alpha + \gamma p_i < \beta\}$ 及潜在延误集合 $T'(\sigma) = J - E'(\sigma)$。

步骤 4.2.3 若 $\delta \geqslant \gamma + \alpha$，令 $w = 0$ 及 $E(\sigma) = E'(\sigma)$，$T(\sigma) = T'(\sigma)$。然后计算 $e = \sum_{J_i \in E(\sigma)} p_i$ 和对应的总惩罚 $Z_3(\sigma)$。否则，令 $w = \sum_{i=0}^{j} p_i + 1$，$W(\sigma) = \{J_0, \cdots, J_{j+1}\}$，其中 $J_e = J_{j+1}(j = 0, 1, \cdots, n - 1)$。则 $E(\sigma) = E'(\sigma) - W(\sigma)$，$T(\sigma) = T'(\sigma) - W(\sigma)$ 且 $e = \sum_{J_i \in E(\sigma)} p_i + p_{j+1} - 1$。对应每个 $j(0 \leqslant j < n)$ 计算对应的 $Z_3(\sigma)$。

步骤 4.3 令 $w = \sum_{i=0}^{k} p_i$，其中 $k = \max\{j \mid \delta p_j \leqslant \beta\}$，$W(\sigma) = \{J_0, \cdots, J_k\}$ 及 $T(\sigma) = J - W(\sigma)$，从而得到一个排序及其对应的惩罚 $Z_3(\sigma)$。

步骤 4.4 对 $\delta \leqslant \gamma$、$\delta \geqslant \gamma + \alpha$、$\gamma < \delta < \gamma + \alpha$ 3 种情况，分别比较惩罚函数的值并选取对应最小函数值的排序为最优排序。

注意到,如果 $e \neq 0$,则有 $\delta \leqslant \gamma$;但它的逆不一定成立,也就是说,当 $\delta \leqslant \gamma$,不一定有 $e = 0$。而且,这里我们解决的是一个比较复杂的情况,当定义 $E(\sigma) = \{J_i \mid J_i \in J, C_i < e\}$ 时,最优排序中有 $w = \sum_{i=0}^{j} p_i$,其中 $0 \leqslant j \leqslant n$,从而更容易解决。为了跟准时排序一致,可以假设当 $w = 0$ 时,在时刻 $e(e = d)$ 完工的工件不会受到惩罚,从而步骤 4.2.3 中的 $Z_3(\sigma)$ 应该是 $Z_3(\sigma) - \alpha$。

可以看出,算法 4 的最优性不证自明。进一步,步骤 4.1 和步骤 4.4 分别用时 $O(n \log n)$,步骤 4.2.3 所用时间为 $O(n^2)$,其他步骤至多用 $O(n)$ 时间。

定理 3　执行算法 4 后,最优排序在 $O(n^2)$ 时间内得到。

2.5　给定的交货期窗口

假设 e 和 w 是给定的参数,于是排序 σ 的总惩罚费用为:

$$Z_4(\sigma) = \sum_{i=1}^{n} (\alpha U_i + \beta V_i)$$

我们的目标就是找使得这个总惩罚最小的排序。下面给出几个重要性质,对寻找最优算法起到关键作用。

性质 11　在最优排序 σ 中,存在工件 $J_k \in J$ 使得 $C_k = d$。

证明: 假设没有工件在 d 完工,即有某工件 J_k 使得 $S_k < d$ 但 $C_k > d$。把整个工件序列向右移动使得 $C_k = d$,则总的惩罚费用不会变大,与 σ 的最优性矛盾。证毕。

性质 12　存在最优排序 σ,使得 $W(\sigma)$ 包含加工时间最小的那些工件,而 J_e 是 $W(\sigma)$ 中的最大者。

从性质 12 可以看出,要使 W 包含尽可能多的工件,必然把加工时间最小的那些放入其中。同理,$E(\sigma)$ 中工件的加工时间不大于 $T(\sigma)$ 中的最小者。假设 J_0 是加工时间为 0 的虚拟工件。基于以上性质,我们可以得到算法 5。

算法 5

步骤 5.1 将 J 中的工件按加工时间非降的顺序（即 SPT 序）排列使得 $p_1 \leqslant p_2 \leqslant \cdots \leqslant p_n$。如果 $p_1 \leqslant w$，令 $k = \min\{j: \sum_{i=1}^{j} p_i \geqslant w\}$；否则，置 $w = 1$。

步骤 5.2 如果 $e + w \geqslant \sum_{i=1}^{k} p_i$，令 $W = \{J_1, J_2, \cdots, J_k\}$；否则，令 $W = \{J_0, J_1, \cdots, J_{k-1}\}$。并使得最小的工件在 d 完工，而最大者为跨越工件。

步骤 5.3 如果 $\alpha \geqslant \beta$，置 $E = \varnothing$。否则，将 $J - W$ 中的最小工件尽可能多的放入 E，于是余下的放入集合 T。然后计算该排序的惩罚函数。

定理 4 算法 5 在 $O(n \log n)$ 时间内得到最小化 $\sum_{i=1}^{n} (\alpha U_i + \beta V_i)$ 的一个最优排序。如果问题中这 n 个工件以 SPT 序排列的话，算法 5 所用的时间为 $O(n)$。

2.6 推广到多台平行机

n 个相互独立的工件 $\{J_1, J_2, \cdots, J_n\}$ 要在 m 台机器上被加工，$n \geqslant m > 1$，将工件集合记为 J。记第 i 台机器为 M^i $(i = 1, 2, \cdots, m)$。假设这些工件在零时刻到达，每个工件只能在一台机器上无中断地被加工，而且每台机器一次只能加工一个工件。这里只探讨交货期窗口位置给定的情况，其他情形类似。我们的目标是寻找排序 σ 以最小化总惩罚费用。

$$Z_5(\sigma) = \sum_{j=1}^{n} (\alpha U_j + \beta V_j) + \gamma e$$

它的最优排序有以下特点。

① 每台机器上第一个被加工的工件至最后一个工件之间无空闲时间。

② 某些机器上的第一个被加工的工件在零时刻开工。

③存在最优排序 σ，使得 $W(\sigma)$ 包含加工时间最小的那些工件。即对于工件 $J_k \in W(\sigma)$ 及 $J_l \in E(\sigma) \cup T(\sigma)$，必有 $p_k \leqslant p_l$。

④在任意一个最优排序中，每台机器上必有一个工件恰好在 d 完成。

当 $e \geqslant 1$，在机器 M^i 上 $(i = 1, 2, \cdots, m)$，可能存在工件 J_j 使得 $S_j < e$ 且 $C_j > e$，称之为跨越工件，记为 J_e^i。用 $M^i(\sigma)$ 记第 i 台机器上的工件集合，$E^i(\sigma) = M^i(\sigma) \cap E(\sigma)$，$T^i(\sigma) = M^i(\sigma) \cap T(\sigma)$ 及 $W^i(\sigma) = M^i(\sigma) \cap W(\sigma)$，在不引起混淆的情况下分别记为 M^i、E^i、T^i 和 W^i。

⑤在任意一个最优排序 σ 中，集合 $E^i(\sigma)$、$W^i(\sigma) - J_e^i$ 及 $T^i(\sigma)$ 中工件的顺序是任意的，其中 $i = 1, 2, \cdots, m$。

把加工时间最小的那些工件放入交货期窗口中以减少惩罚费用，而且跨越工件是其中最大的。从而确定在交货期窗口 $[e, d]$ 中完工的工件问题乃是 $0 \sim 1$ 多维背包问题的一个应用，故得其复杂性。

定理 5　等同机上最小化 $Z_5(\sigma) = \sum\limits_{j=1}^{n} (\alpha U_j + \beta V_j) + \gamma e$ 的窗时排序问题是强 NP - 完备的。

将尽可能多的工件排在交货期窗口中以达目标最优，从而可以近似得到集合 W 中的工件个数。如果 $p_1 \leqslant w$，令 $a = \max\{l : \sum\limits_{j=1}^{l} p_j \leqslant mw;$ 否则，令 $a = 0$。类似于 Kramer(1994) 得到 $a \leqslant |W| \leqslant a + m$，其中 $|W|$ 是集合 W 的基数。

下面将给出解决这个问题的一个多项式时间近似序列(PTAS)。用 opt 记最优排序的目标函数值，多项式时间近似序列即任意给定一个小的正数 ε，总可以在多项式时间内找到目标值为 $(1 + \varepsilon)opt$ 的解。为了方便，假设 $\varepsilon < 1$ 且 $1/\varepsilon$ 为整数。任意给定 $\varepsilon < 1$，如果 $m \leqslant 1/\varepsilon$，将机器数视为常数而易得其算法;因此，假设 $m > 1/\varepsilon$。借助于 Chekuri 解决的多维背包问题，能够近似地把尽可能多的工件装入交货期窗口中，即有 $(1 + \varepsilon)|W|$ 个工件放入。这也是解决问题的关键。首先讨

论 $\gamma = 0$ 的情况。

算法 6($\gamma = 0$)

步骤 6.1 假设 $p_1 \le p_2 \le \cdots \le p_n$。借用 $0 \sim 1$ 多维背包问题的算法近似得到集合 $W = \bigcup_{i=1}^{m} W^i$。

步骤 6.2 如果 $\alpha < \beta$,令 $T = \varnothing$,并把 $J - W$ 中的工件分配到 m 台机器的提前集合中。否则,把它们放入 T。

步骤 6.3 对 $i = 1, 2, \cdots, m$,调整 W^i 使其最小工件在时刻 $e + w$ 完工。计算总惩罚费用 Z_5 和对应的 e 值。

如果 $\gamma \ne 0$,步骤 6.1 仍然适用。但是把某些工件放入集合 E 后会带来交货期窗口定位费用的增大,而且 E 中任意一个工件的加工时间不大于 T 中工件的加工时间,也就是说,若 $J_j \in E$,必有 $J_{j-1} \notin T$。用 δ_j 记 J_j 放入 E 后引起 e 的最小变化量。显然,$J - W$ 中的那些最小工件按一定的机器顺序逐个排放到 m 台机器上,但因为影响到它随后的工件,我们不能根据 $\alpha + \gamma\delta_j > \beta$ 简单地得出 $J_j \notin E$。假设 J_1,$J_2, \cdots, J_{j-1}$ 已经排毕。尽管 $\alpha + \gamma\delta_j > \beta$,仍有可能 $\alpha + \gamma\delta_{j+1} < \beta$ 且 $(\alpha + \gamma\delta_j) + (\alpha + \gamma\delta_{j+1}) \le 2\beta$。对于更多工件的情形也是类似的。但如果 $\alpha + \gamma\delta_j < \beta$,一定有 $J_j \notin T$。

因为 T 中工件的惩罚是常数 β,可以不考虑工件的排放顺序。把各台机器上的提前和延误集合分别记为 E^1,E^2,$\cdots$,E^m 和 T^1,$T^2, \cdots, T^m$。我们只需考虑 E^i 与 W^i 的搭配($i = 1, 2, \cdots, m$),从而得到算法 7。

算法 7($\gamma \ne 0$)

步骤 7.1 同步骤 6.1 近似得到 $W = \bigcup_{i=1}^{m} W^i = \{J_1, J_2, \cdots, J_k\}$,其中 $1 \le k \le n$。重新按总加工时间非降的顺序标记 $W^1, W^2, \cdots, W^m$。若 $E = \varnothing$,转到步骤 7.4。否则,如果 $k < n$,令 $l = k + 1$,执行如下。

步骤 7.2 假设 $E \ne \varnothing$。将 $J_{k+1}, \cdots, J_l$ 按一定的机器顺序逐个放在 E 中:前一列排好后,以 E^i 的总加工时间非增的顺列(LPT 序)分配工件,只有当放满一列才开始新的一列;每放入一个新的工件,就计算 $E^i(i = 1,2,\cdots,m)$ 的总加工时间。然后按每台机器上提前序列的 LPT 序重新标记为 $E^1,E^2,\cdots,E^m$。

步骤 7.3　剩余工件以任意的机器顺序放入 $T^i(i = 1,2,\cdots,m)$。向左移动每台机器上的工件序列与交货期窗口以满足性质 1 至性质 5。令 $M^i = E^i \cup W^i \cup T^i (i = 1,2,\cdots,m)$ 及 $d = \min\{\max_{M^i}(\sum_{J_j \in E^i \cup W^i} p_j)\}$。然后计算此时的总惩罚费用和 e 的值。若 $l < n$,令 $l: = l+1$ 并转到步骤 7.2;否则,转到步骤 7.5。

步骤 7.4　假设 $E = \varnothing$。令 $M^i = W^i \cup T^i (i = 1,2,\cdots,m)$,$d = \min\{\max_{M^i}(\sum_{J_j \in W^i} p_j)\}$。最大限度地向左移动每台机器上的工件序列与交货期窗口以满足性质 1 至性质 5,并计算总惩罚费用和对应 e 的值。

步骤 7.5　对 $E = \varnothing$ 或者 $E = \{J_{k+1},\cdots,J_l\}$,其中 $l = k+1,\cdots,n$,找到对应最小总惩罚的排序作为最好的排序,其中 $e = d - w$。

算法 6 和算法 7 的正确性不证自明,得到的排序满足性质 1 至性质 5。而且,我们有以下结论。

定理 6　算法 6 和算法 7 分别是 $\gamma \neq 0$ 和 $\gamma = 0$ 时的多项式时间近似序列(PTAS)。

2.7　结语

本章研究了有交货期窗口的单机排序问题,目的是最小化赋权的提前、延误工件数,即第一类目标函数。在提出一系列最优性质的基础上,对交货期窗口待定但惩罚系数任意时的情况给出了相应的动态规划算法。

下面又就所有的提前费用相同、所有延误费用相同时,对交货期窗口的位置和大小是给定还是待定几种情况进行了探讨,提出了相应的多项式时间算法。最后推广到多台平行机上,分两种情况讨论了其解决方案。

第3章 最小化提前和
延误时间惩罚

3.1 引言

现如今,排序不仅被应用到普通的生产制造业,而且更广泛应用到计算机程序操作系统和大型服务类产业。例如,计算机程序调度问题,宏观上计算机可以同时执行多个程序,但是 CPU 在每个时刻只能执行一个进程,进程的到达时间不同,那么怎么安排这些程序的进程最节约时间,即充分利用 CPU。在这里,我们把 CPU 看作机器,把多个程序当作不同的工作,这就转化成了一个排序问题。随着社会的发展、科技的进步,生产生活的需求又孕育出新的模型。

排序问题的求解思路是:借鉴已知的组合最优化问题的求解方法,利用该排序问题自身的最优性质,来获得满足所有约束条件的最优解,其中一些排序问题能够直接转化为已知的组合最优化问题来求解。排序问题的求解分为两类:其一,有多项式时间算法的问题,我们尽量找出时间复杂性比较好的算法;其二,对于不确定是否有多项式时间算法的排序问题,我们首先要分析该问题的复杂性,观察问题是否是 NP - 困难的。解决该类问题有两种方法:一是利用动态规划算法设计出拟多项式时间算法,巧妙地求解出该问题的最优排序;二是设计出该类问题的近似排序。

准时生产是在力求消除一切浪费和不断提高生产率基础上的一种生产理念,即供应商根据客户的各种需求将货物配送到指定地点,做到不超额也不缺少,不早送也不晚送,尽量做到零库存、最大节约、零废品。随着准时生产的广泛应用,顾客对于货物生产配送的要求越来越高,这就促使了交货期相关研究的备受瞩目。渐渐地,根据实际需求有关交货期窗口指派的研究替代了传统的交货日期指派。

现实中,制造商和它的客户在利益方面各自为营,对交货日期都有自己的打算,都想要一个对自身利益最优的窗口,那么它们为了使双方"共赢",就会对交货期窗口进行一次利益攸关的谈判,涉及节约成本,减少花费,提高利润,制造商对窗口的时间多少也格外地重视。制造商清楚地了解到小的交货期窗口将会减少它们内部生产计划的灵活性,会给它们带来生产压力,并且将会导致提前工件和延误工件的数量增加,而使费用增加。另一方面,大的交货期窗口又会降低它们的服务水平,造成潜在的影响,进而流失客户。制造商对于窗口的开始时间也是十分重视的,因为早的窗口开始时间将会导致大量的延误工件。相反地,较晚的窗口开始时间对客户而言没有什么吸引力,降低它们的市场竞争力。所以,在现实的生产、生活中,交货期窗口指派问题还是具有很重要的研究价值的。

3.2　交货期窗口给定

有关公共交货期窗口的问题是供应链排序中非常重要的一类问题,并且对于相关问题,学者们也给出了相当精彩的解决方案。

假设 n 个独立工件 $\{J_1, J_2, \cdots, J_n\}$ 在一台机器上加工,对于 $J_i(i=1,2,\cdots,n)$,运行时间记为 p_i,开工时间为 S_i 和完成时间为 C_i,则有 $C_i = S_i + p_i$。这些产品的订单来自一个顾客,从而有相同的交货期窗口 $[e,d]$,其中 e 是最早交货期,d 是最迟交货期,交货期窗口的大小为 $w=d-e$。若 $C_i \in [e,d](i=1,2,\cdots,n)$,则称 J_i 按时完工,不会受到惩罚;否则就会受到提前惩罚和延误惩罚,该费用与时间有关。于是定义提前时间为 $E_i = \max\{0, e-C_i\}$;延误时间为 $T_i = \max\{0, C_i-d\}$。记 $J_{[k]}$ 为第 k 个被加工的工件。进而,定义排序 σ 的费用函数为:

$$Z_1(\sigma) = \sum_{i=1}^{n} (\alpha E_i + \beta T_i)$$

其中, α 和 β 分别是提前和延误惩罚系数。同第 2 章一样, 对排序 σ, 可以定义 $E(\sigma)$、$W(\sigma)$ 及 $T(\sigma)$, 经常简记为 E、W、T。

令 $MS = \sum_{i=1}^{n} p_i$。假设 $MS > w$, 否则, 所有工件都可以排入准时集合中, 无需讨论。显然, 在第一个被加工的工件至最后一个之间没有空闲时间。下面给出最优排序的一些其他结构化性质。

性质 1 在最优排序中, 提前工件按加工时间非增的顺序(LPT)排列, 而延误工件则按加工时间非降的顺序(SPT)排列, 即所谓的近似 V 形排列。

证明: 先探讨提前工件。反证法。假设在最优排序 σ 中, $J_i \in E(\sigma)$, $J_j \in E(\sigma)$, J_j 在 J_i 之后加工, 但是 $p_i < p_j$。

交换 J_i 和 J_j 的位置, 其他不变, 以构造新的排序 σ'。则由于 $p_i < p_j$, J_i 和 J_j 之间的工件会向右移动 $p_j - p_i$, 可想而知这些中间工件的提前时间变小, 从而总费用的变化 $\Delta Z_1 = Z_1(\sigma') - Z_1(\sigma) < 0$。与 σ 的最优性矛盾。所以提前工件按加工时间非增的顺序排列。

同理可证, 延误工件则按加工时间非降的顺序排列。证毕。

性质 2 在最优排序中, 准时集合包含那些加工时间最少的工件。

该性质的证明类似于性质 1, 用反证法, 在此省略。

性质 3 最优排序中存在工件在 e 或 d 完工, 除非第一个开始加工的工件 $J_{[1]}$ 在零时刻开始。

证明: 假设在最优排序 σ 中, 存在工件 J_k、J_t 使得 $S_k < e, C_k = e + \varepsilon_1$; $S_t < d, C_t = d + \varepsilon_2$。如图 3.1 所示。

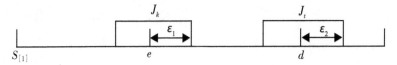

图 3.1 排序中存在跨越 e 和 d 的工件 J_k 和 J_t

定义 $\eta_1 = \min\{e - S_k, d - S_t\}$，$\eta_2 = \min\{\varepsilon_1, \varepsilon_2, S_{[1]}\}$。如果把工件序列向右移动 η_1，则 J_k 之前的工件在 e 完工或 J_t 之前的工件在 d 时刻完工，总费用变化为：

$$\Delta Z_1 = \eta_1(\beta |T| - \alpha |E|)$$

其中，$|E|$、$|T|$ 分别为集合 E、T 中工件的个数。

而如果将序列向左移动 η_2，使得 J_k 在 e 完工或 J_t 在 d 时刻完工，或者 $S_{[1]} = 0$，总费用变化为：

$$\Delta Z_1 = \eta_2(\alpha |E| - \beta |T|)$$

因此，如果 $\beta |T| < \alpha |E|$，把工件序列向右移动 η_1 将使得排序更加优化。否则，左移改进目标。因此，可以调整工件序列满足条件。证毕。

由性质 2，准时集合中的工件容易确定，定义 $nw = \min\{l : \sum_{j=1}^{l} p_i \geqslant w\}$。为了得到有效算法，定义工件的累计权重如下：

①如果 J_j 是第 k 个提前工件，则定义

$$cw(J_j) = (k - 1)\alpha$$

②如果 J_j 是倒数第 k 个延误工件，则定义

$$cw(J_j) = k\beta$$

③如果 J_j 是准时工件，则定义

$$cw(J_j) = \begin{cases} |E|\alpha, & \text{若对某工作 } J_k, C_k = d \\ (|T| + 1)\beta, & \text{否则} \end{cases}$$

也经常记为 $(cw(W))$。

引理 1　假设排序 σ 中没有空闲时间，存在工件在 e 或 d 完成，则利用上面定义的工件累计权重把目标函数描述为：

$$\sum_{i=1}^{n}(\alpha E_i + \beta T_i) = \sum_{j=1}^{n} cw(J_j) \times p_j - cw(W) \times (d - e)$$

证明：根据性质 3，存在在 e 或 d 完工的工件，在图 2.1 中可以看到，提前集合被记为 $e_1, e_2, \cdots, e_{|E|}$；准时集合记为 $w_1, w_2, \cdots, w_{|w|}$；延

误集合记为 $t_1, t_2, \cdots, t_{|T|}$。

考虑工件 J_{ej}，它的每单位时间为工件 $J_{e_1}, J_{e_2}, \cdots, J_{e_{j-1}}$ 的提前时间增加 1 单位时间，于是它对目标函数贡献了 $(j-1)\alpha p_j$。类似地，延误工件 J_{t_j} 对目标函数的贡献为 $j\beta p_j$。

准时工件的贡献为 $\sum_{j=1}^{|w|} p_j - (d - e)$，当存在某 $C_j = d$ 时，这部分可写为 $|E|\alpha$。否则，存在某 $C_j = e$，累计权重为 $(|T|+1)\beta$。所以

$$\sum_{i=1}^{n} (\alpha E_i + \beta T_i)$$

$$= \sum_{j=1}^{|E|} (j-1)\alpha p_{e_j} + \sum_{j=1}^{|T|} j\beta p_{t_j} + cw(W) \times \left(\sum_{i=1}^{|W|} - p_{w_j} - (d - e) \right)$$

$$= \sum_{j=1}^{n} (cw(J_j) \times p_j) - cw(W) \times (d - e)$$

证毕。

对给定交货期窗口的情形，根据性质 3 和引理 1，得出了如下寻找最优解的算法。

算法 1

步骤 1.1　把工件编号使 $p_1 \leqslant p_2 \leqslant \cdots \leqslant p_n$，计算 $w = d - e$，$A_l = \sum_{j=1}^{l} p_j (l = 1, 2, \cdots, n)$。

步骤 1.2　（针对存在工件 J_j 使 $C_j = d$ 的情况）

设 $g(l, t_E)$ 是把工件 $1, 2, \cdots, l$ 排序满足 $t_{NT} = \sum_{j \leqslant l, c_j \leqslant d} p_j$ 的最小值。

初始条件: $g(0, t_{NT}) = \begin{cases} 0, & \text{若 } t_{NT} = 0 \\ \infty, & \text{其他} \end{cases}$

递推关系:

$$g(l, t_{NT}) = \min \begin{cases} g(l-1, t_{NT} - p_l) + \alpha \cdot \max\{t_{NT} - p_l - w, 0\} \\ g(l-1, t_{NT}) + \beta(A_l - t_{NT}) \end{cases}$$

最优值：$f_1 = \left(\underset{w \leq t_{NT} \leq e+w}{\min}\right) g(n, t_{NT})$。

用时 $O(nd)$。

步骤 1.3（针对存在工件 J_j 使 $C_j = e$ 的情况）

设 $h(l, t_E)$ 是把工件 $1, 2, \cdots, l$ 排序满足 $t_E = \sum\limits_{j \leq l, c_j \leq e} p_j$ 的最小值。

初始条件：$h(0, t_E) = \begin{cases} 0, & \text{若 } t_E = 0 \\ \infty, & \text{其他} \end{cases}$

递推关系：

$$h(l, t_E) = \min \begin{cases} h(l-1, t_E - p_1) + \alpha(t_E - p_l) \\ h(l-1, t_E) + \beta \cdot \max\{A_l - t_E - w, 0\} \end{cases}$$

最优值：$f_2 = \left(\underset{0 \leq t_E \leq e}{\min}\right) h(n, t_E)$。

用时 $O(ne)$。

步骤 1.4（针对第一个工件的开工时间 $s = 0$ 并且存在 J_j 使 $e \leq C_j \leq d$）

设 $g(l, t_E)$ 是把工件 $l, l+1, \cdots, n$ 排序满足 $t_E = \sum\limits_{j \geq l, s_j < e} p_j$ 的最小值。

初始条件：$g(n+1, t_E) = \begin{cases} 0, & \text{若 } t_E = 0 \\ \infty, & \text{其他} \end{cases}$

递推关系：

$$g(l, t_E) = \min \begin{cases} g(l+1, t_E - p_1) + \alpha \cdot \max(e - t_E, 0) \\ g(l+1, t_E) + \beta \cdot \max\{A_l + t_E - d, 0\} \end{cases}$$

最优值：$f_3 = \left(\underset{e \leq t_E \leq d}{\min}\right) g(n, t_E)$。

用时 $O(nd)$。

步骤 1.5（针对第一个工件的开工时间 $s = 0$ 并且存在 J_j 使 $S_k < e$，$C_k > d$）

设 $h(l, t_E)$ 是除了工件 k，把工件 $l, l+1, \cdots, n$ 排序满足 $t_E = $

$\sum\limits_{j \geq 1, j \neq k, c_j < e} p_j$ 的最小值。

初始条件：$h_k(n+1, t_E) = \begin{cases} 0, 若 t_E = 0 \\ \infty, 其他 \end{cases}$

递推关系：

$$h_k(l, t_E) = \min \begin{cases} h_k(l+1, t_E - p_1) + \alpha \cdot (e - t_E), l \neq k \\ h_k(l+1, t_E) + \beta \cdot (A_l + t_E - d), l \neq k \\ h_k(l+1, t_E), l \neq k \end{cases}$$

最优值：$f_4 = \min_k \min_{d - p_k \leq t_E \leq e} (h_k(l, t_E) + \beta \times (t_E + p_k - d))$。

用时 $O(n^2 e)$。

步骤 1.6 最优值 $Z_1 = \min\{f_1, f_2, f_3, f_4\}$，所对应的排序是最优排序。

该动态规划的总时间为 $O(n^2 e + nd)$。

3.3 交货期窗口的位置待定

当交货期窗口的位置待定时，分两种情况来讨论：①无定位费用；②有定位费用。

当交货期窗口的位置待定但没有定位费用时，目标函数同 3.2 节的 $Z_1(\sigma)$，3.2 节的性质 1、性质 2 仍然成立，只是性质 3 要调整为：最优排序中存在在 e 或 d 完工的工件。此时，为了排序的方便，可以认为：如果存在在 e 完工的工件，则提前集合 E 中是 LPT 序，其他是 SPT 序；如果存在在 d 完工的工件，则延误集合 T 中是 SPT 序，其他是 LPT 序。针对 3.2 节定义的位置权重，有以下结论。

引理 2 在最优排序中，一定有：

$$\max\{(|E| - 1)\alpha, |T|\beta\} \leq \min\{|E|\alpha, (|T| + 1)\beta\}$$

证明：用反证法。假设 $|E|\beta > |E|\alpha$，将交货期窗口向右移动一个单位时间得到新的排序 σ'。如果在 σ 中 $C_j = e$，则

$$\Delta Z_1 = Z_1(\sigma') - Z_1(\sigma)$$

$$= |E|\alpha - |T|\beta < 0$$

而如果 $C_j \neq e$,则

$$\Delta Z_1 = Z_1(\sigma') - Z_1(\sigma)$$
$$= (|E| - 1)\alpha - |T|\beta$$
$$< |E|\alpha - |T|\beta < 0$$

这都与 σ 的最优性矛盾。

现假设在 σ 中,$(|E| - 1)\alpha > (|T| + 1)\beta$,当将整个工件序列向右移动一个单位时间得到的新排序记为 σ'',费用变化同上。

所以,在最优排序中有 $|T|\beta \leqslant |E|\alpha$,$(|E| - 1)\alpha \leqslant (|T| + 1)\beta$。又由于 $(|E| - 1)\alpha < |E|\alpha$,$|T|\beta < (|T| + 1)\beta$,综合得到:

$$\max\{(|E| - 1)\alpha, |T|\beta\} \leqslant \min\{|E|\alpha, (|T| + 1)\beta\}$$

证毕。

根据以上提到的最优排序结构性质,提出以下最优算法。

算法 2

步骤 2.1　把工件编号使 $p_1 \leqslant p_2 \leqslant \cdots \leqslant p_n$,计算 $nw^* = \min\{l \mid \sum_{j=1}^{l} p_j \geqslant d - e\}$,令 $W = \{1, 2, \cdots, nw^*\}$,$E = \varnothing$,$i = n$。

步骤 2.2　若 $|E|\alpha < (|T| + 1)\beta$,则置 $E \cup \{i\} \to E$;否则 $E \cup \{i\} \to T$。

步骤 2.3　置 $i - 1 \to i$,若 $i = nw^*$,则转步骤 2.4;若 $i > nw^*$,则转步骤 2.2。

步骤 2.4　E 中工件按 LPT 序排列,T 中工件按 SPT 序排列。

步骤 2.5(确定 W 中工件的位置)　用 $\sigma(j)$ 表示 σ 中第 j 个工件。若 $|E|\alpha \leqslant (|T| + 1)\beta$,则 $\sigma(n - |T| + 1 - i) = i$;否则 $\sigma(|E| + i) = i$。

步骤 2.6　置 $i - 1 \to i$,若 $i > 1$,则转步骤 2.5;否则,转步骤 2.7。

步骤 2.7　若 $|E|\alpha \leqslant (|T| + 1)\beta$,则 $d = \sum_{j=1}^{|E| + nw^*} p_{\sigma(j)}$,$e = d - w$;否则 $e = \sum_{j=1}^{|E|} p_{\sigma(j)}$,$d = e + w$。

该算法为构造性的,有 $\left[\dfrac{\beta(n-nw^*)}{\alpha+\beta}\right]$ 个提前工件,nw^* 个准时工件,

$n-\left[\dfrac{\beta(n-nw^*)}{\alpha+\beta}\right]-nw^*$ 个延误工件,所用时间为 $O(n\log n)$。

下面讨论交货期窗口待定的第二种情况:有定位费用。假设 γ 为单位时间定位系数,则目标函数变为 $Z_2(\sigma)=\displaystyle\sum_{i=1}^{n}(\alpha E_i+\beta T_i)+\gamma e$。

它的最优排序具有以下特点:

①整个工件序列加工过程中无空闲时间;

②第一个被加工的工件在零时刻开工;

③提前集合 E 中工件为 LPT 序,延误集合 T 中为 SPT 序。

④准时集合中包含加工时间最小的那些工件;

⑤存在完工时间为 e 或 d 的工件。

Liman 等仍然利用累计权重提出以下算法。

算法 3

步骤 3.1　将工件重新编号使得 $p_1\leqslant p_2\leqslant\cdots\leqslant p_n$。

步骤 3.2　第 k 个加工位置的累计权重定义为 $cw(J_{[k]})=\min\{\gamma+(k-1)\alpha,(n+1-k)\beta\}$,其中 $k=1,2,\cdots,n$。如果 $cw(J_{[k]})=(k-1)\alpha$,则 $J_{[k]}$ 在提前集合 E 中,否则为延误工件。

步骤 3.3　将 $cw(J_{[k]})$,$k=1,2,\cdots,n$,按照非增的顺序排列。

步骤 3.4　把工件序列 $\{J_1,J_2,\cdots,J_n\}$ 分配到位置 $\{[1],[2],\cdots,[n]\}$。

步骤 3.5　计算 $nw^*=\min\{l\mid\displaystyle\sum_{j=1}^{l}p_j\geqslant d-e\}$,令 $W=\{1,2,\cdots,nw^*\}$,把 $J\backslash W$ 中的工件按照步骤 3.2 分别放入提前集合和延误集合中,并得到 $|E|$、$|T|$。

步骤 3.6　如果 $\gamma+|E|\alpha\geqslant(|T|+1)\beta$,则有工件在 e 完工;否则,有工件在 d 完工。按照以上提到的性质整理工件序列。

3.4　多个综合目标

第 2 章及本章 3.2 节、3.3 节是针对单纯的提前、延误工件的个数或时间来展开探讨。本节仍然是独立工件集合 $J = \{J_1, J_2, \cdots, J_n\}$ 在一台非中断机器上加工，它们享有公共交货期窗口 $[e, d]$，但此处将目标函数推广。如果工件 $J_i \in J$ 在 e 之前完成，既有与个数相关的惩罚 α_i 又有与时间相关的费用 α_i'；而如果它在 d 之后完成，同样出现两种惩罚费用 β_i、β_i'。并且提前、延误惩罚系数与加工时间是相容的，即 $\dfrac{p_i}{\alpha_i'} \leqslant \dfrac{p_k}{\alpha_k'} \Leftrightarrow \dfrac{p_i}{\beta_i'} \leqslant \dfrac{p_k}{\beta_k'}$。符号 p_i、S_i、C_i、E_i、T_i、U_i、V_i 的意义同前述。

3.4.1　时间、个数与定位的综合函数

对排序 σ，目标函数定义为：

$$Z_3(\sigma) = \sum_{i=1}^{n} (\alpha_i' E_i + \beta_i' T_i + \alpha_i U_i + \beta_i V_i) + L(d)$$

其中，$L(d)$ 为交货期窗口的定位费用，并约定 d_0 为交货期窗口位置的误差允许量，且 $d_0 \geqslant w$，$L(d) = \gamma \max(0, d - d_0)$。

该问题的目标函数变得更为复杂，定义的符号也较多。由于在排序中可能会存在跨越 e 或者 d 的工件，根据它们的开始时间和完成时间，定义以下几个工件：$J_e = \{J_i : S_i \leqslant e, C_i \geqslant e\}$，$J_e' = \{J_i : S_i < e, C_i > e\}$，$J_d = \{J_i : S_i \leqslant d, C_i \geqslant d\}$，$J_d' = \{J_i : S_i < d, C_i > d\}$，记 J_c 为恰好在 e 完成的工件，$J_{[i]}$ 为第 i 个被加工的提前工件。类似于 3.3 节的探讨，该排序具有以下性质。

①整个工件序列加工过程中无空闲时间。

②如果交货期窗口为决策变量且 $d_0 = 0$，则第一个被加工的工件在零时刻开工。

③准时集合 $W - \{J_c, J^{e'}\}$ 中工件的顺序是任意的。

④最优排序中，如果 d 为决策变量，下面的 Ⅰ 、Ⅱ、Ⅳ成立；如果 d

为给定的参数,下面的 I、II、III 成立。

I. $S_i = e$, II. $C_i = d$, III. $S_{[1]} = 0$, IV. $d = d_0$ 对某个工件 $J_i \in J$。

⑤提前集合 E 中工件按照 $\dfrac{p_i}{\alpha'_i}$ 的非增顺序,延误集合 T 中工件按照 $\dfrac{p_i}{\beta'_i}$ 的非降顺序。

在给出算法之前,说明它的复杂性。当 $\alpha_i = \alpha'_i = \beta'_i = 0$,$\gamma = d_0 = 0$,该问题等价于著名的背包问题,它是 NP - 完备的,因此,我们的问题也是 NP - 完备的。下面试图得到它的拟多项式时间算法。

算法 4

令 t_1 表示时间区间 $[0,e]$,t_2 表示 $[e,d]$,t_3 表示 $[d,MS]$。Ω 和 Ω' 分别表示跨越 e 的工件 J_{l_1} 和跨越 d 的工件 J_{l_2} 的左边部分时间,其中,l_1、$l_2 \in \{1,2,\cdots,n\}$,$l_1 \neq l_2$。如图 3.2 所示。

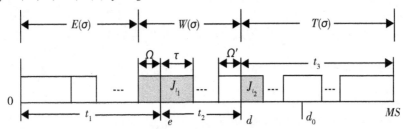

图 3.2 排序中各时间段及工件集合的分布

假设 $Z^{l_1,l_2}_{e,\eta}(t_1,t_2,t_3)$ 是确定了 J_{l_1} 和 J_{l_2} 及剩余 $n-2$ 个工件中的前 η 个时的最优目标函数,其中这 $n-2$ 个工件已经按照 $\dfrac{p_1}{\alpha'_1} \leqslant \dfrac{p_2}{\alpha'_2} \leqslant \cdots \leqslant \dfrac{p_{n-2}}{\alpha'_{n-2}}$ 重新标号,交货期窗口定位在 e 处,并且 $e = 0,1,\cdots,MS-w$;$t_1 = 0,1,\cdots,e$;$t_2 = 0,1,\cdots,w-\Omega$;$t_3 = 0,1,\cdots,MS$。

边界条件:

$Z^{l_1,l_2}_{e,0}(t_1,t_2,t_3)$

$$
= \begin{cases}
\beta_{l_2}' t_3 + \beta_{l_2}' V_{l_2}, \text{如果} t_1 = 0, 1, \cdots, \min\{e, p_{l_1}\}; \\
\qquad\qquad t_2 = 0, 1, \cdots, p_{l_1}; \\
\qquad\qquad t_3 = 0, 1, \cdots, p_{l_2}; \\
\qquad\qquad \Omega' = 0, 1, \cdots, w - t_2; \\
\qquad\qquad \text{如果} t_3 = 0, \text{则} V_{l_2} = 0, \text{否则} V_{l_2} = 1 \\
+ \infty, \text{否则}
\end{cases}
$$

其中，l_1、$l_2 \in \{1, 2, \cdots, n\}$，$l_1 \neq l_2$，$e = 0, 1, \cdots, MS - w$。

$Z_{e,\eta}^{l_1, l_2}(t_1, t_2, t_3) = +\infty$，其中，$l_1$、$l_2 \in \{1, 2, \cdots, n\}$，$l_1 \neq l_2$；$e = 0, 1, \cdots, MS - w$；$\eta = 0, 1, \cdots, n-2$；$t_1 < 0, t_2 < 0$ 或 $t_3 < 0$。

循环迭代：

$Z_{e,\eta}^{l_1, l_2}(t_1, t_2, t_3)$

$$
= \min \begin{cases}
Z_{e,\eta-1}^{l_1, l_2}(t_1 - p_\eta, t_2, t_3) + \alpha_\eta'(t_1 - p_\eta) + \alpha_\eta x_{t_1 - p_\eta} \\
Z_{e,\eta-1}^{l_1, l_2}(t_1, t_2 - p_\eta, t_3) \\
Z_{e,\eta-1}^{l_1, l_2}(t_1, t_2, t_3 - p_\eta) + \beta_\eta' t_3 + \beta_\eta
\end{cases}
$$

其中，当 $q = 1, 2, \cdots, e-1$ 时，$x_q = 1$，否则 $x_q = 0$；l_1、$l_2 \in \{1, 2, \cdots, n\}$，$l_1 \neq l_2$；$e = 0, 1, \cdots, MS - w$；$\eta = 0, 1, \cdots, n-2$；$t_1 = 0, 1, \cdots, e$；$t_2 = 0, 1, \cdots, w - \Omega'$；$t_3 = 0, 1, \cdots, MS$。

最优解：

$Z_{3,\min}(\sigma) = \min\{Z_{e,n-2}^{l_1, l_2}(t_1, t_2, t_3) + \gamma\ l_1, l_2 \in \{1, 2, \cdots, n\}, \max\{0, e+w-d_0\} : l_1 \neq l_2; e = 0, 1, \cdots, MS - w; t_1 = 0, 1, \cdots, e; t_2 = 0, 1, \cdots, w - \Omega'; t_3 = 0, 1, \cdots, MS\}$。

注意到该算法的复杂性为 $O(n^3(w+1)p_{\max}^2(MS+1)(MS-w+1)^2)$，当 $d_0 = 0$ 时，时间复杂性为 $O(n^3(w+1)p_{\max}^2(MS+1)^2)$。当 d 为给定的参数时，调整算法 4 仍能解决，所用时间为 $O(n^3(e+1)(w+1)p_{\max}^2(MS+1))$。

3.4.2　目标函数中引入完工时间

下面探讨另一种目标函数。假设 d 为给定参数，提前、延误权重均为常数，$\alpha_i' = \alpha'$，$\beta_i' = \beta'$，$\alpha_i = \alpha$，$\beta_i = \beta$。另外引入完工时间，目标函数写为：

$$Z_4(\sigma) = \sum_{i=1}^{n} (\alpha'E_i + \beta'T_i + \alpha U_i + \beta V_i + \theta C_i)$$

其中，θ 为完工时间的费用系数。它的最优排序有如下特点：

①当 $\alpha' > \theta$，$E(\sigma) \cup J_c$ 中工件的顺序为 LPT 序，$(W(\sigma) \setminus \{J_e', J_c'\}) \cup T(\sigma)$ 中工件的顺序为 SPT 序；

②当 $\alpha' \leq \theta$，$E(\sigma) \cup J_c$ 中工件的顺序为 SPT 序，$(W(\sigma) \setminus \{J_e', J_c'\}) \cup T(\sigma)$ 中工件的顺序也为 SPT 序；

③当 $\alpha' > \theta$，时间区间 $[0, S_{[1]}]$ 可以存在空闲时间；

④当 $\alpha' \leq \theta$，最优排序中不存在空闲时间且 $S_{[1]} = 0$。

该问题会是多项式时间可解的吗？令 $\alpha' = \beta' = 1$，$\alpha = \beta = \theta = w = 0$，问题简化为给定交货期窗口的提前、延误时间惩罚问题，它是 NP - 完备的，因此，我们的问题也是 NP - 完备的。

对带有完工时间及提前、延误惩罚的目标函数，设计以下算法。

算法 5

分 $\alpha' > \theta$ 和 $\alpha' \leq \theta$ 两种情况展开讨论，用 t_1 记时间区间 $[0, e]$，t_2' 记区间 $[e, MS]$。首先指定工件 J_l 作为跨越的工件（$l = 1, 2, \cdots, n$），并将其他 $n-1$ 个工件按照 SPT 顺序重新标号。

算法 5a

假设 $\alpha' > \theta$ 和 $e > p_{[1]}$，工件 J_l 和 $J_1, J_2, \cdots, J_\eta (\eta = 1, 2, \cdots, n-1)$ 已经排好，用 $F_\eta^l(t_1, t_2')$ 记为最小总惩罚。

边界条件：

$$F_0^l(t_1, t_2') = \begin{cases} \theta(e + t_2'), & \text{如果 } t_1' = 0, 1, \cdots, \min(p_l, e), t_2' = p_l - t_1 \\ +\infty, & \text{否则} \end{cases}$$

其中，$l = 1, 2, \cdots, n$。

$F_\eta^l(t_1, t_2') = +\infty$，如果 $t_1 < 0$ 或者 $t_2' < 0$，$l = 1, 2, \cdots, n$，$\eta = 1, 2, \cdots, n-1$。

循环迭代：

$$F_\eta^l(t_1,t_2') = \min \begin{cases} F_{\eta-1}^l(t_1-p_\eta,t_2') + \theta(e-t_1+p_\eta) + \alpha'(t_1-p_\eta) + \alpha x_{t_1-p_\eta} \\ F_{\eta-1}^l(t_1,t_2'-p_\eta) + \theta(e+t_2') + \beta \max\{0,t_2'-w\} + \beta x_{t_2'-w} \end{cases}$$

其中，$l = 1,2,\cdots,n; \eta = 1,2,\cdots,n-1; t_1 = 0,1,\cdots,e; t_2' = 0,1,\cdots,MS$。如果 $q = 1,2,\cdots,MS-w$，则 $x_q = 1$，否则 $x_q = 0$。

最优解：

$$Z_{\min}^{5a}(\sigma) = \min\{F_{n-1}^l(t_1,t_2'): l = 1,2,\cdots,n; t_1 = 0,1,\cdots,e; t_2' = 0, 1,\cdots,MS\}$$

算法 5b

假设 $\alpha' \leqslant \theta$ 和 $e > p_{[1]}$，工件 J_l 和 $J_1,J_2,\cdots,J_\eta(\eta = 1,2,\cdots,n-1)$ 已经排好，用 $G_\eta^l(t_1',t_2')$ 记为最小总惩罚。

边界条件：

$$G_0^l(0,t_2') = \begin{cases} \theta(e+t_2'), \text{如果 } \Omega = 0,1,\cdots,\min(p_l,e); t_2' = p_1 - \Omega \\ +\infty, \text{否则} \end{cases}$$

其中，$l = 1,2,\cdots,n$。

$G_\eta^l(t_1',t_2') = +\infty$，如果 $t_1' < 0$ 或者 $t_2' < 0; l = 1,2,\cdots,n; \eta = 1,$ $2,\cdots,n-1$。

循环迭代：

$$G_\eta^l(t_1',t_2') = \min \begin{cases} G_{\eta-1}^l(t_1'-p_\eta,t_2') + \theta t_1' + \alpha' \max\{0,e-t_1'\} + \alpha x_{e-t_1'} \\ G_{\eta-1}^l(t_1',t_2'-p_\eta) + \theta(e+t_2') + \beta' \max\{0,t_2'-w\} + \beta x_{t_2'-w} \end{cases}$$

其中，$l = 1,2,\cdots,n-1; \eta = 1,2,\cdots,n-1; t_1' = 0,1,\cdots,e-\Omega; t_2' = 0,$ $1,\cdots,MS$；如果 $q = 1,2,\cdots,MS$，则 $x_q = 1$，否则 $x_q = 0$。

最优解：

$$Z_{\min}^{5b}(\sigma) = \min\{G_{n-1}^l(t_1',t_2'): l = 1,2,\cdots,n; t_1 = 0,1,\cdots,e-\Omega; t_2' = 0,1,\cdots,MS\}$$

说明：该算法为拟多项式时间算法，所用时间为 $O(n^2(e+1)(MS+1)\min\{p_{\max}+1,e+1\})$。

3.5 推广到多台机器

假设工件是在平行机上被处理,符号同上,但本节讨论的是关于提前时间和延误时间的惩罚,同样交货期窗口的位置也是待定的。关于工件 $J_j \in J$,其提前时间和延误时间仍然定义为 $E_j = \max\{0, e - C_j\}$, $T_j = \max\{0, C_j - d\}$。于是目标函数变为:

$$Z(\sigma) = \sum_{j-1}^{n} (\alpha E_j + \beta T_j) + \gamma e$$

为了讨论方便,除了定义机器 M^i 上的集合 E^i、W^i 及 T^i,还定义了完全在交货期窗口内加工的工件集合 $WI^i(\sigma) = \{J_j | S_j \geq e, C_j \leq d\}$,经常简记为 WI^i。该问题更加难于研究,因此,也是强 NP – 完备的。

性质 1 至性质 3 仍然成立,并且根据前几章的讨论,在每台机器上,提前集合中的工件按加工时间非增的顺序排列,而延误集合按非降的顺序。对给定的排序,用 $J^i_{[k]}$ 记 E^i 中的第 k 个工件,$J^{i'}_{[k]}$ 记 T^i 中倒数第 k 个工件,δ_j 为把 $J_j \in J$ 放入提前集合中引起 e 的变化大小,则 $0 \leq \delta_j \leq p_j$。于是定义工件的位置权重如下:

①对工件 $J_j = J^i_{[k]}$,定义权重 $Ew^i_{[k]} = (k-1)\alpha + \gamma \dfrac{\delta_j}{p_j}$;

②对工件 $J_j = J^{i'}_{[k]}$,定义权重 $Tw^i_{[k]} = k\beta$;

③如果 J_j 是 W^i 中的第一个工件,如果 $S_j < e$ 定义其权重 $Ew^i = \gamma \delta_j + |W^i|\alpha(e - S_j)^+$;否则 $Ew^i = 0$。类似地,如果 J_j 是 W^i 中的最后一个工件,如果 $C_j > d$,定义其权重 $Wt^i = (|T^i| + 1)\beta(C_j - d)^+$;否则 $Et^i = 0$。如果 J_j 是 WI^i 中的工件,定义其权重为 0。

用工件的权重来衡量目标函数:

$$Z(\sigma) = \sum_{j-1}^{n} (\alpha E_j + \beta T_j) + \gamma e$$

$$= \sum_{i-1}^{m} \left(\sum_{k=1}^{|E^i|} Ew^i_{[k]} p^i_{[k]} + \sum_{k=1}^{|T^i|} Tw^i_{[k]} p^{i'}_{[k]} + Ew^i + Wt^i \right)$$

根据前几章的讨论,对于单机来说,总存在某工件在 e 或者 d 时刻完工;这在多平行机生产环境下的某些机器上肯定是成立的,但是不是在所有机器上都成立呢?

性质 4　存在最优排序,使得每台机器上都有工件在 e 或者 d 时刻完工,除非 $e=0$。

证明:用反证法。假设在某机器 M^c($c \in \{1,2,\cdots,m\}$)上,J_k 和 J_l 分别是跨越 e 和 d 的工件,显然 J_k 是 W^c 中的第一个工件,J_l 是 T^c 中的第一个工件。

定义 $\eta_1 = \min\{e - S_k, d - S_l\}$,$\eta_2 = \min\{C_k - d, C_l - d\}$。如果把 M^c 上的序列向右移动 η_1,则 J_k 在 e 完工或 J_l 之前的工件在 d 时刻完工,总费用变化为:

$$\Delta Z = \eta_1(\beta|T^c| - \alpha|E^c|)$$

而如果将序列向左移动 η_2,使得 J_k 在 e 完工或 J_l 在 d 时刻完工,总费用变化为:

$$\Delta Z = \eta_2(\alpha|E^c| - \beta|T^c|)$$

因此,如果 $\beta|T^c| < \alpha|E^c|$,把 M^c 上的序列向右移动 η_1 将使得排序更加优化。否则,左移改进目标。因此,可以调整某些机器上的序列,使尽可能多的机器满足条件,除非 $e=0$。证毕。

像本书中讨论的,即使在交货期窗口位置待定的情况下,仍然有以下性质。

性质 5　在最优排序中,我们有 $\max_{M^i}|E^i| - \min_{M^i}|E^i| \leq 1$,$\max_{M^i}|T^i| - \min_{M^i}|T^i| \leq 1$。

令 $a = \max\{l: \sum_{j=1}^{l} p_j \leq mw\}$,而当 $p_1 > mw$ 时,$a=0$。而且 $|W| \geq a$,$a - m \leq |WI| \leq a$。根据以上性质,希望能将尽可能多的工件放入准时集合并且 e 尽量小。而本节为多平行机生产情形,需要找到一种新的排序方法,利用前面定义的位置权重来作为我们的启发式信息,PTAS 将是我们最期望的结果。

令 opt 记最优排序的目标函数值,为了建立 PTAS,对于任意给定的正数 ε,需要找到一个解使得目标函数值为 $(1+\varepsilon)opt$。假设 $\varepsilon<1$ 且 $1/\varepsilon$ 为整数。当 $\gamma=0$ 时,先将工件排入机器上的交货期窗口内。当 $m\leqslant 1/\varepsilon$ 时,将机器数量视为常数,易解决。而当 $m>1/\varepsilon$ 时,用多维背包问题的解法得到其 PTAS。也就是说有 $(1+\varepsilon)|W|$ 个工件排入交货期窗口中,而且 $a\leqslant|W|\leqslant a+m$。集合 E 和 T 中的工件位置权为 $Ew_{[k]}=(k-1)\alpha,Tw_{[k]}=k\beta$。按位置权非降的顺序排列,其中每个权重重复 m 次,遵循以上提到的性质分别排入集合 E 和 T 中。因此,得到了 $\gamma=0$ 时的 PTAS。

而当 $\gamma\neq 0$ 时,还要确定 E 中的工件,而其权重较复杂。纵观之,记 $E_{[k]}=\{J_{[k],1},J_{[k],2},\cdots,J_{[k],m}\}$ 为 E 中的第 k 列,$T_{[k]}=\{J'_{[k],1},J'_{[k],2},\cdots,J'_{[k],m}\}$ 为 T 中的倒数第 k 列。有以下性质。

性质 6　存在最优排序,使得:

$$\min\{p_j:J_j\in E_{[k]}\}\geqslant\max\{p_j:J_j\in E_{[s]}\},\text{其中}k<s;$$

$$\min\{p_j:J_j\in T_{[k]}\}\geqslant\max\{p_j:J_j\in T_{[s]}\},\text{其中}k<s。$$

证明:先证明提前集合中的任意两个子列满足性质。假设 $p_j<p_l$,其中 $J_j=J_{[k],x},J_l=J_{[k+1],y}$。根据性质 3 可知,$x\neq y$。交换 J_j 与 J_l,并调整 M_x 与 M_y 上的工件使其满足性质 1。则费用变化:

$$\Delta Z\leqslant\{-\alpha[|E^x|-(k-1)]+\alpha(|E^y|-k)+\beta|T^x|-\beta|T^y|\}(p_l-p_j)$$

$$=\alpha(|E^y|-|E^x|-1)+\beta(|T^x|-|T^y|)(p_l-p_j)$$

根据性质 5,$|E^y|-|E^x|-1\leqslant 0$。对于给定的 k,延误工件的权重为常数,总可以调整 $|T^x|$ 与 $|T^y|$ 使得 $|T^x|\leqslant|T^y|$,从而 $\Delta Z\leqslant 0$。所以,在最优排序中,有 $\min\{p_j:J_j\in E_{[k]}\}\geqslant\max\{p_j:J_j\in E_{[s]}\}$,其中 $k<s$。

对 T 中的工件,假设 $J_j\in T_{[k]},J_l\in T_{[s]}$,而 $p_j<p_l$。由于 $k<s$,$Tw_j=k\beta<s\beta=Tw_l$。交换 J_j 与 J_l,则费用变化:

$$\Delta Z=(k\beta p_l+s\beta p_j)-(p_jk\beta+s\beta p_l)$$

$$=(p_j-p_l)(s\beta-k\beta)<0$$

所以得到 $\min\{p_j : J_j \in J_{[k]}\} \geqslant \max\{p_j : J_j \in T_{[s]}\}$，其中 $k < s$。证毕。

由于对给定的 k，$T_{[k]}$ 中的权重为常数，所以可以不考虑延误工件的机器顺序。重点转移到如何确定 E^i 和 W^i，其中 $1 \leqslant i \leqslant m$。提出以下算法。

假设所有机器在零时刻开始，排满一列才开始排下一列，用以下方法确定提前集合和延误集合。

算法 6

步骤 6.1　假设 $p_1 \leqslant p_2 \leqslant \cdots \leqslant p_n$。用多维背包问题的方法得到 $W = \bigcup_{i=1}^{m} W^i$ 的近似序列，剩余工件集合记为 $U = \{J_t, \cdots, J_n\}$。

步骤 6.2　如果 $\gamma p_n \leqslant \sum_{j=n-m+1}^{n} \beta p_j$，将 $J_n, J_{n-1}, \cdots, J_{n-m+1}$ 放入 $E_{[1]}$ 分别记为 $J_{[1],1}, J_{[1],2}, \cdots, J_{[1],m}$。以同样的方式得到 $T_{[1]}$，更新集合 U。

步骤 6.3　如果 $E_{[k]}$ 和 $T_{[s]}$ 为空的或全满的，重新按非降的顺序排列 $\sum_{j=1}^{k} p_{[j]}^i$，$i = 1, 2, \cdots, m$。除非 $U = \varnothing$。

步骤 6.4　令 $v = t - km - sm$，δ_v 为放入 E 后引起 e 的最小变化量。如果 $k\alpha \sum_{j=v-m+1}^{v} p_j + \gamma\delta_v \leqslant (s+1)\beta \sum_{j=v-m+1}^{v} p_j$，将 $J_v, J_{v-1}, \cdots, J_{v-m+1}$ 按照 $i = 1, 2, \cdots, m$ 的顺序放入 M^i 的下一列 $E_{[k+1]}$；否则放入 $T_{[s+1]}$。

步骤 6.5　更新 $U := U - \{J_v, J_{v-1}, \cdots, J_{v-m+1}\}$，$k := k+1$，$s := s+1$。返回步骤 6.3，但如果 $|U| < m$，也仿照以上步骤进行。从而得到 E 和 T 中的所有列。

步骤 6.6　按照每台机器上提前工件总加工时间的非降顺序重新排序记为 $E^1, E^2, \cdots, E^m$。延误集合则按非增的顺序标记为 $T^1, T^2, \cdots, T^m$。将准时集合按非增的顺序标记为 $W^1, W^2, \cdots, W^m$。令 $M^i = E^i \cup W^i \cup T^i$，其中 $1 \leqslant i \leqslant m$。

步骤 6.7 令 $d = \max\left\{\min_{M^i} \sum_{J_j \in E^i \cup W^i} p_j, \max_{J_j \in E}(C_j + 1)\right\}$，计算当前总费用。将交货期窗口尽可能地向左移动，每台机器上的子序列适当地向左或向右移动以满足文中最优性质。计算总惩罚及 e 的值。

该算法是构造性的，所得到的排序满足文中性质。步骤 6.1 需要用时 $O(n^{o(\ln(1/\varepsilon)/\varepsilon)})$，步骤 6.2 至步骤 6.4 需要时间 $O(nm \log m) \leqslant O(n^2 \log n)$，所以该算法得到了 $\gamma \neq 0$ 时的 PTAS。

3.6 结语

本章研究了最小化提前和延误时间的窗时排序问题，首先 3.2 节对于交货期窗口给定的情况，给出了最优排序所具有的一些结构特点，并用工件的位置权重得到了一个拟多项式时间的动态规划算法。当交货期窗口待定时，3.3 节提出了有、无定位费用两种情况下的多项式时间算法。

而对于多个目标的综合函数，3.4 节讨论了两种复杂情形，用动态规划的构造方法得到了它们的拟多项式时间算法。

最后将问题推广到平行机上，提出新的结构性质，并得到它的 PTAS。

第4章 有交货期窗口的无界批处理

4.1 批处理问题

批处理问题又称为同时加工排序问题,近些年引起了广泛关注,主要在于这样可以提高生产效率,一般而言,同时加工多个工件要比单个加工更经济、效率也更高。它是工业生产中存在的一个普遍问题,最早出现在半导体生产中,后来在许多其他生产过程,如冶金、电镀等都得到应用,因此,具有广泛的应用价值和现实意义。

经典排序是假设任何机器在任何时刻最多只能加工一个工件,但在实际生活中有的"机器"可以同时加工多个"工件"。批调度问题比较典型的是发生在大规模的集成电路生产中,它的生产过程分为4个阶段:芯片制作、芯片测试、装配和成品检验。在芯片测试过程中存在一个高温预烧工序,即将芯片暴露在高温之下,以检验出有潜在缺陷的芯片。加热炉中一次可以放入多个芯片,而芯片的预烧时间根据芯片类型预先确定。在芯片预烧时,可以将某种类型芯片的预烧时间延长,但不能缩短。从而为了保证产品合格,要把多个电路作为一个批同时放入烘箱中以检验它们的耐热性,烘烤时间为其中所需时间最长的集成电路的烘烤时间,并且在这个过程中不能移走任何电路。因此,炉中同一批芯片的预烧时间由批中预烧时间最长的芯片决定。如果将预烧芯片看作工件,加热炉看作机器,则该问题就是一个典型的批调度问题。此外,由于预烧工序的加工时间通常为120 小时以上,是其他工序加工时间的几倍、几十倍,因而构成了整个生产过程的瓶颈。由于烘烤所需要的时间比检验过程中其他步骤的时间长得多,所以有效安排烘烤次序具有重要意义。

又如在多级船闸调度系统中,每天有成千上万的船舶需要通过船闸以继续航行,每个船舶大小不一,而且船舶中所载货物的重要程度差异很大,例如,客轮优先级最高、运输新鲜蔬菜水果的船舶优先级次之,而运输水泥、钢材等船舶优先级最底。如果将每级闸室看作一个机器,过闸船舶看作工件,则该问题同样是一种批调度问题。此外,实际生产中这样的例子还有很多,如港口货物装卸、带托盘的车床加工、汽车货物运输等。

在实际生活中有的机器可以同时加工多个工件,这样往往会提高生产效率,从而成为近些年的研究热点之一。例如,在一个烤箱或烘箱中可以同时烘烤多个面包。同时加工排序也应用在其他很多项目中,如冶金、电镀、烧窑等,因而具有广泛的实用价值和现实意义。

这种机器可以同时加工多个工件的排序问题称为同时加工排序。既然不同类型的电路所需最小烘焙时间不同,同时加工排序问题难以研究。一个批是指同时被加工且同时完工的工件集合,当这个批中的所有工件完成时才称此批完工。一旦一个批开始加工,既没有其他工件加入其中,批中任意一个工件也不能被取走。因此,批的加工时间等于这个批中最长的工件加工时间。另外,每台机器上的加工是连续的,也就是说,在前一个批没有完成之前,其他任何批都不能开工。如何对工件分批是问题的关键,确定了工件的一个分批后,就可把一批看作一个工件来寻找其最优算法或近似算法。所以,同时加工排序问题首先把工件分成多个批然后再排列这些批的次序,使得某个目标函数最大或者最小。

在曾被研究的大部分参考文献中,最优排序是要最小化总完工时间或者最大完工时间等。只有其中几个涉及准时排序交货期的存在性,目标是最小化总赋权延误或最大延迟。本书中,第一次把同时加工排序与窗时排序结合起来,不仅考虑延误工件完工带来的损失,也顾及提前完成付出的储存费用等,以最小化总的赋权提前和延误惩罚。

假设批加工机每次至多加工 b 个工件,根据 b 的取值把同时加工排序分为两类:①$b < n$,其中 n 是工件的总个数,即批容量是有界的;②$b \geqslant n$,使得每个批可以包含任意多个工件,称为无界形式。例如,合成物的生产属于无界形式,把它们放入干燥炉使其变硬,一般而言,干燥炉充分大不会成为批容量的限制。另外,无界形式也等价于 $b = +\infty$。注意到,经典排序是指 $b = 1$,它是有界形式的一种特例,所以有界同时加工排序问题至少要比经典排序难于研究。

本章讨论工件可以成批加工的窗时排序问题,而且批容量无界,这也是首次把窗时排序与同时加工排序结合起来讨论。对交货期窗口的位置是决策变量还是给定参数两种情况做详细探讨,首先给出最优排序的一些性质,进而提出了多项式时间的有效算法以最小化关于提前和延误时间的总费用。

本章的结构为:4.1 节为批处理问题的引言部分;4.2 节给出预备知识及相关研究结果;4.3 节解决给定交货期窗口的排序问题;至于待定交货期窗口位置的有效算法在 4.4 节探讨,4.5 节是对本章的总结。

4.2　相关研究结果

在过去 20 年里,涌现出很多关于同时加工排序问题的结果,它的现实意义主要在于成批加工可以提高生产效率,节约能源。这类排序要把所有工件分成多个批,然后再排列这些批的次序。Potts(1991,2000)、Webster(1995)对同时加工排序做了综述。对工件可以同时到达的批容量无界情形,Brucker(1998)对各种正则函数做了详细讨论,用动态规划的方法设计了多项式时间算法以最小化总完工时间;并对有其他多个限制条件及相关目标函数的同时加工排序作了全面综合的讨论。而对工件有不同就绪时间的批容量无界的情况,Deng(2004)证明了最小化总完工时间的排序问题是 NP – 困难的并对几种特殊情形提出多项式时间算法。后来 Deng(2005)得到了这个问题的多项式时间近似序列(PTAS)。

考虑工件可以成批发送的提前、延误费用的文献较少。在类似的生产环境中,Hochbaum(1994)探讨赋权延误工件的个数之和,Kovalyov(1997)中交货期待定;但是此问题是强 NP - 完备的。Crauwels(1999)用分枝定界方法解决这一类似问题。

其他一些关于工件动态到达条件下的研究包括 Mathirajan(2007)、Chung(2009)、Liu(2009)、Chen(2010)等。Haddad(2012)构建了以最小化最大拖期量为目标的单台批处理机数学模型,Cabo(2015)提出领域搜索算法求解最小化最大拖期量为目标的单台批处理机调度问题。

并行机环境是单机环境的进一步扩展。Chandru(1993)给出了几个启发式算法求解以总完工时间为目标的并行机批调度问题,证明了该问题最优解的一些性质。Koh(2004)研究了工件分属不相容工件族(incompatible job families)情况下的问题,并设计了遗传算法。Lu(2008)研究了一类特殊的机器容量无限的并行机批调度问题,他们给出了一个多项式时间算法。

此外,当前一些学者开始研究工件动态到达条件下的并行机调度问题。Li(2005)提出了一个多项式时间逼近的算法求解最小化完工跨度问题。Malve(2007)研究了工件分属不相容工件族,以最小化最大延迟时间为目标函数的批调度问题,并且提出了一个基于随机密钥编码的遗传算法。Lu(2008)研究了一种特殊环境下的并行机批调度问题,在该情形下,他们假设批的容量无限,且可以以一定的代价拒绝某工件的加工。这类问题被证明是二元 NP - 困难的,并且提出了拟多项式时间复杂度的算法。

最近几年,不少研究致力于将批调度模型推广到更为复杂的生产环境,如 flow shop、job shop 和 open shop 等。Cheng(1998,2000)研究了有两台机器的 flow shop 问题,其中一台机器为分离机,另一台为批处理机。工件在批处理机上加工的时间为一批中所有工件加工时间之和,批加工前还包括一个固定的准备时间。这类问题被证明均是普通 NP 难解的。此外,他们还研究了这类问题若干多项式时间可解的特例。两台机器均由批处理机组成,这类问题则被证明是强 NP 难解的。Sung(2000)研究了多阶段流水线的批调度问题,提出了一个问题归约过程(PRP),采用 PRP 的启发式算法能有效解决调度中出现的机器瓶颈问题。Su(2003)则考虑了一类有等待时间约束的两阶段混合流水线的批调度问题。此外,目前还有一些学者开始采用模拟退火等算法来求解两阶段流水线批调度问题,如 Manjeshwar(2009)、Mirsanei(2009)等。Zhang(2009)则使用时间 petri 网解决了包含工件安装时间的流水线批调度问题。Lu(2015)提出了两阶段流水车间批调度算法。

在本章,我们考虑单机器上的同时加工排序,假设批容量无界,工件享有公共交货期窗口,目标是最小化总赋权提前/延误惩罚,如果交货期窗口待定时,也要为之付出代价。

4.3 给定的交货期窗口

在批处理生产环境中,一台机器可以同时加工一批中的工件。一旦批处理开始运行,在它完工之前既不再加入其他工件,批中的工件也不允许移出;所以一个批的加工时间等于这个批中工件的最长加工时间,当批中最长的工件完工时才称此批完工。从而,同一批的工件有相同的开工时间和完工时间。

问题模型描述如下:集合 $J = \{J_1, J_2, \cdots, J_n\}$ 中的 n 个工件要在一台批处理机上加工,而且批容量是无限的(即 $b \geqslant n$)。这些工件同时准备就绪,用 p_i 记工件 J_i 的加工时间($i = 1, 2, \cdots, n$)。一旦一个批开始加工,它既不能被中断也不能再接受其他工件。一个批的加工时间等于这个批中工件的最大加工时间,对批 B,用 $p(B)$ 记其加工时间,则 $p(B) = \max\{p_i \mid J_i \in B\}$。

所有工件享有公共交货期窗口 $[e,d]$，其中 e 和 d 分别称作最早交货期和最晚交货期，$w=d-e$ 为窗口大小，且 $w \geqslant 0$。如果一个工件在交货期窗口之外完工，就会产生提前或延误，于是提前时间和延误时间分别定义为最早交货期和最晚交货期与完工时间之间的差距。

本节假设 w 和 e 是给定的，即交货期窗口已知。在排序 σ 中，$S(B)$ 和 $C(B)$ 记批 B 的开工时间和完工时间。并且同一个批中的工件有相同的开工时间和完工时间，于是对 B 中的工件 J_i，其开工时间 $S_i=S(B)$，完工时间 $C_i=C(B)$；工件 J_i 的提前和延误分别是 $E_i=\max\{0,e-C_i\}$，$T_i=\max\{0,C_i-d\}$。所以排序 σ 的目标函数为：

$$Z_1(\sigma) = \sum_{i=1}^{n}(\alpha E_i + \beta T_i)$$

其中，α 和 β 是提前和延误惩罚系数。定义提前集合、准时集合和延误集合分别为 $E(\sigma)=\{B \mid C(B)<e\}$，$W(\sigma)=\{B \mid e \leqslant C(B) \leqslant d\}$ 和 $T(\sigma)=\{B \mid C(B)>d\}$。在不引起混淆的情况下，将它们分别记为 E、W 和 T。既然一个批中的工件有相同的完工时间，也定义这些工件属于它的批所在的集合。

4.3.1　最优排序的性质

性质 1　在任意一个最优排序中，从第一个批被加工至最后一个批完工之间没有空闲时间。

由于其简单性，省略其证明。

性质 2　存在一个最优排序 σ，使得 $W(\sigma)$ 包含加工时间最小的一些工件。

证明：假设工件 $J_i \in W(\sigma)$ 和 $J_k \notin W(\sigma)$，其中 $p_i \geqslant p_k$，记它们所在的批分别为 B_1 和 B_2。

如果 $J_k \in E(\sigma)$，既然 $b \geqslant n$，可以把 J_k 放入 B_1。因为 $p_i \geqslant p_k$，所以 $p(B_1 \cup \{J_k\})=p(B_1)$，$p(B_2-\{J_k\}) \leqslant p(B_2)$。

若 $p(B_2-\{J_k\})<p(B_2)$，向右平移 B_2 及 B_2 前面的批使整个排序中没有空闲时间，把新得到的排序记为 σ'。于是 J_k 的惩罚被避免而

其他工件的惩罚不会变大,所以 $Z_1(\sigma') < Z_1(\sigma)$。与 σ 的最优性矛盾。

如果 $J_k \in T(\sigma)$,道理同上,可以得到类似结果。所以 $W(\sigma)$ 包含加工时间最小的那些工件。证毕。

性质 3　在任意一个最优排序 σ 中,$W(\sigma) = \varnothing$ 或者 $W(\sigma)$ 只包含一个批而且这个批是所有批中加工时间最小的一个。

证明:不失一般性,假设 $W(\sigma)$ 中有两个批 B_1 和 B_2。既然批容量是无限的,将这两个批合而为一,并把新批记为 B,则 $p(B) = \max\{p(B_1),$ $p(B_2)\}$。于是排序中出现空闲时间 $\min\{p(B_1), p(B_2)\}$,向右移动 B 前边的批或者左移 B 后面的批使排序满足性质 1。显然,总惩罚变小,与 σ 的最优性矛盾。若 $W(\sigma)$ 包含更多的批,也会出现同样结果。所以,$W(\sigma)$ 至多有一个批,也可能是空集。

当 $W(\sigma)$ 只包含一个批时,根据性质 2,它包含加工时间最小的那些工件,所以该批是所有批中加工时间最小的一个。证毕。

性质 4　在最优排序 σ 中,若 $W(\sigma) \neq \varnothing$ 或 $T(\sigma)$ 中第一个批的加工时间不大于 d,则 $E(\sigma) = \varnothing$。

证明:反证,假设 $E(\sigma) \neq \varnothing$。如果 $W(\sigma) \neq \varnothing$,将 $E(\sigma)$ 中的所有工件并入 $W(\sigma)$ 的批,于是根据性质 2,所得新批的加工时间为 $\max\{p_i \mid J_i \in E(\sigma)\}$。只要使得 $W(\sigma)$ 中此批的完工时间不小于 e,把整个排序左移。很显然,排序的性能得到改善。

如果 $W(\sigma) = \varnothing$,因为反证中假设 $E(\sigma) \neq \varnothing$,则 $E(\sigma)$ 中仅有一个批(道理同性质 3),记为 B_1。而 $T(\sigma)$ 中的第一个批记为 B_2,满足 $S(B_2) = C(B_1) < e$ 和 $C(B_2) > d$,其中 $p(B_2) \leqslant d$。合并 B_1 和 B_2 使得 $B = B_1 \cup B_2$。因为 $p(B_1) < e$ 及 $p(B_2) \leqslant d$,得知 $p(B) \leqslant d$。移动 B 使得 $C(B) = d$,并把 σ 中 B_2 后面的批左移使得整个排序中没有空闲时间。这样就避免了 B_1 和 B_2 中工件的惩罚而且延误工件的惩罚也减少,所以总惩罚减少,出现矛盾。

总之,如果 $W(\sigma) \neq \varnothing$ 或 $T(\sigma)$ 中第一个批的加工时间不大于 d,

则 $E(\sigma) = \varnothing$。证毕。

性质 4 说明只要 $E(\sigma) \neq \varnothing$，必然有 $W(\sigma) = \varnothing$ 且 $T(\sigma)$ 中第一个批的加工时间大于 d。注意到，$E(\sigma)$ 中批的加工时间小于 $T(\sigma)$ 中第一个批的加工时间。将 $W(\sigma)$ 中的批记为 B_W，$E(\sigma)$ 中的批记为 B_E。假设在最优排序 σ 中，$p(B_E) = p_k$，于是对工件 J_l 满足 $p_l < p_k$，将其放入 B_E 带来的提前费用必然小于作为延误工件带来的惩罚。所以当 $E(\sigma) \neq \varnothing$ 时，最小的那些工件在 B_E 中。进一步，我们有以下性质。

性质 5 在一个最优排序 σ 中，如果 $E(\sigma) \neq \varnothing$，则 B_E 的开工时间为 0 或者 $e - p(B_E) - 1$。

证明:既然 $E(\sigma) \neq \varnothing$，则必然有 $W(\sigma) = \varnothing$。令 $\{B_1, B_2, \cdots, B_m\}$ 是 $T(\sigma)$ 中的批序列，符号 $|A|$ 记集合 A 中的工件个数。则目标函数为:

$$
\begin{aligned}
Z_1(\sigma) &= \alpha \times (e - C(B_E)) \times |B_E| + \sum_i (\beta \times T_i) \\
&= \alpha \times (e - C(B_E)) \times |B_E| + \beta\{[C(B_E) \\
&\quad + p(B_1) - d] \times |B_1| + [C(B_E) + p(B_1) \\
&\quad + p(B_2) - d] \times |B_2| + \cdots + [C(B_E) \\
&\quad + p(B_1) + \cdots + p(B_m) - d] \times |B_m|\} \\
&= \beta \times \{[|T| \times p(B_1)] + [(|T| - |B_1|) \\
&\quad \times p(B_2)] + \cdots + [|B_m| \times p(B_m)] + |T| \\
&\quad \times C(B_E)\} + \alpha \times (e - C(B_E)) \times |B_E| - \beta \\
&\quad \times |T| \times d \\
&= \beta \times \{[|T| \times p(B_1)] + [(|T| - |B_1|) \\
&\quad \times p(B_2)] + \cdots + [|B_m| \times p(B_m)]\} + \alpha \times e \\
&\quad \times |B_E| - \beta \times |T| \times d + (\beta \times |T| - \alpha \times |B_E|) \\
&\quad \times (S(B_E) + p(B_E))
\end{aligned}
$$

其中，$C(B_E) = S(B_E) + p(B_E)$，$T_i = \max\{0, C_i - d\}$。可以看出，目标函数是关于 $S(B_E)$ 的线性函数，所以 $S(B_E)$ 取最大值还是最小值依赖于其系数的正负。另外，当批 B_E 确定后，有 $C(B_E) \leqslant e - 1$。因此，当

$\beta \times |T| \geqslant \alpha \times |B_E|$ 时，$S(B_E)$ 取最小值 0；否则，取最大值 $e - p(B_E) - 1$。证毕。

在文献 Kramer(1993) 中，机器每次至多加工一个工件 $(b = 1)$，对于最优排序，延误集合中的工件按加工时间非降的顺序排列，即 SPT 序。类似地，推广得到以下性质。

性质 6 在任意一个最优排序中，延误集合中的批按加工时间非降的顺序排列。

假设工件按 SPT 序标记下标，使得 $p_1 \leqslant p_2 \leqslant \cdots \leqslant p_n$。一个 SPT – 批序是指 $\{J_1, J_2, \cdots, J_n\}$ 中邻接的工件形成批。则得出下列性质。

性质 7 记最优排序 $\sigma = \{B_1, B_2, \cdots, B_m\}$，则有 $L(B_j) < l(B_{j+1})$，$j = 1, 2, \cdots, m - 1$，其中 $L(B_j)$ 和 $l(B_j)$ 分别是批 B_j 中工件的最大和最小加工时间，即最优排序是 SPT – 批序的。

证明：我们只需证明两个延误批满足结论。假设两个工件 $J_k \in B_j, J_l \in B_{j+1}$ 且 $p_k \geqslant p_l$，其中 $1 \leqslant j \leqslant m - 1$。把工件 J_l 移入 B_j 得到新的排序 $\sigma' = \{B_1, \cdots, B_j \cup \{J_l\}, B_{j+1} - \{J_l\}, \cdots, B_m\}$。

因为 $p_k \geqslant p_l$，我们有 $p(B_j \cup \{J_l\}) = p(B_j)$，$p(B_{j+1} - \{J_l\}) \leqslant p(B_{j+1})$。从而 J_l 的完工时间减少了 $C(B_{j+1}) - C(B_j)$，而排序中其他工件的不变，所以 $Z_1(\sigma') < Z_1(\sigma)$。经过这样重复交换工件的过程，总可以使得 $L(B_j) < l(B_{j+1})(j = 1, 2, \cdots, m - 1)$，而且调整后的惩罚变小。与 σ 的最优性矛盾，也就是说，最优排序是 SPT – 批序的。证毕。

4.3.2 最优算法

性质 7 说明最优排序满足 SPT – 批序，只要我们知道了每个批的最小工件，整个排序也就确定了。假设某最优排序的延误批序列为 $\{B_1, B_2, \cdots, B_m\}$。

对工件 J_i，即使 $p_i \leqslant d$，它也不一定属于 B_W，因为它的归属会影响比它大的工件的延误时间。一旦批 B_W 中的工件确定，在满足 $C(B_W) \geqslant e$ 的前提下向左移动 B_W 以最大限度地减少其他工件的延误时间。如果 $W \neq \varnothing$，必有 $E = \varnothing$；于是目标函数为：

$$Z_1(\sigma) = \sum_{i=1}^{n} (\alpha \times E_i + \beta \times T_i)$$

$$= \sum_{i=1}^{n} (\beta \times T_i)$$

$$= \beta \times \sum_{J_i \in J-W} (C_i - d)$$

也就是要最小化 $J-W$ 中工件的总延误,进一步说,是最小化这些工件的总完工时间。

另一方面,如果 $E \neq \varnothing$,则有 $W = \varnothing$,目标函数为:

$$Z_1(\sigma) = \sum_{i=1}^{n} (\alpha \times E_i + \beta \times T_i)$$

$$= \alpha \times (e - C(B_E)) \times |B_E| + \sum_{i=1}^{n} \beta \times T_i$$

$$= \alpha \times (e - S(B_E) - p(B_E)) \times |B_E| + \beta \times \sum_{J_i \in J-W} (C_i - d)$$

而且在最优排序中,B_E 包含加工时间最小的那些工件,开工时间为 0 或 $e - p(B_E) - 1$。所以,在批 B_E 确定后,对 $S(B_E)$ 的这两个取值,目标函数也是要最小化延误工件的总完工时间。

总之,此排序问题可以转化为最小化延误工件的总完工时间。假设延误集合中第一个批的开工时间为 t。只要有新的批加在它之前加工,就会导致现有延误批被推迟加工。如果批 $\{J_j, \cdots, J_{k-1}\}$ 紧邻排在现有延误集合 $\{J_k, \cdots, J_n\}$ 的前面,则 $\{J_k, \cdots, J_n\}$ 的总完工时间增加了 $(n-k+1)p_{k-1}$,而 $J_j, \cdots, J_{k-1}$ 的总完工时间为 $(k-j)(t+p_{k-1})$,于是总完工时间共增加了 $(n-j+1)p_{k-1} + (k-j)t$。

另外,因为提前批或准时批均包含加工时间最小的那些工件,可以用枚举的办法来确定。不失一般性,假设 $p_1 \leq d$,否则所有的工件都在延误集合中;并设 J_0 是一个虚拟工件且 $p_0 = 0$。提出以下动态规划的方法来确定最优排序中的延误集合。

算法 1

步骤 1.1　以加工时间非降的顺序排列并标记工件使得 $p_1 \leq$

$p_2 \leqslant \cdots \leqslant p_n$。令 $i = 0$。

步骤 1.2　假设 $E = \varnothing$。令 $B_W = \{J_0, \cdots, J_i\}$ 其中 $p_i \leqslant d$，在保证 $C(B_W) \geqslant e$ 的前提下，最大限度地向左移动 B_W。置 $t = C(B_W)$。

步骤 1.3　设延误工件集合 $\{J_j, \cdots, J_n\}$ 满足 SPT - 批序，用 G_j 记这个部分排序的最小总完工时间。初始化 $G_{n+1} = t$。对 $j = n, n-1, \cdots, i+1$，用下列方法来计算 G_{i+1}：

$$G_j = \min_{k = j+1, \cdots, n+1} \left[G_k + (n-j+1) \times p_{k-1} + (k-j) \times t \right]$$

步骤 1.4　如果 $i + 1 \leqslant n$ 且 $p_{i+1} \leqslant d$，令 $i : = i + 1$，再转到步骤 1.2。否则，找到使总惩罚 $Z_1 = \beta \times G_{s+1} - \beta \times (n-s) \times d$ 最小的下标 $s \in \{1, 2, \cdots, i\}$。

步骤 1.5　假设 $E \neq \varnothing$，则有 $W = \varnothing$。令 $B_E = \{J_1, \cdots, J_i\}$，其中 $p_i < e$。如果 $(n-i)\beta \geqslant i\alpha$，置 $S(B_E) = 0$；否则，$S(B_E) = e - p_i - 1$。类似于 $W \neq \varnothing$ 的情形，令 $t = S(B_E) + p_i$，并初始化 $G'_{n+1} = t$，然后对 $j = n, n-1, \cdots, i+1$，用下列循环计算 G_{i+1}：

$$G'_j = \min_{k = j+1, \cdots, n+1} \left\{ G_k + (n-j+1)p_{k-1} + (k-j)t \right\}$$

直至 $p_{i+1} \geqslant e$ 或 $i > n$。选择使得 $Z'_1 = \alpha s(e-t) + \beta G'_{s+1} - \beta(n-s)d$ 最小的下标 $s \in \{1, 2, \cdots, i\}$。

步骤 1.6　选择 Z_1 和 Z'_1 中较小者作为最优值，用反向追踪法得到对应的排序为最优排序。

在算法 1 中，用枚举的方式来确定 B_W 和 B_E。然而，尽管最优排序是 SPT - 批序的，我们却不容易确定每个批的最大和最小工件。幸运的是，当 B_W 和 B_E 确定后，排序问题转化为最小化延误工件的总完工时间，于是借助文献 Brucker(1998) 中的反向动态算法解决。通过简单的时间计算，步骤 1.3 和步骤 1.5 用时 $O(n^2)$，于是算法总运行时间的上界为 $O(n^3)$。

定理 1　对给定交货期窗口的同时加工排序问题，算法 1 在 $O(n^3)$ 时间内得到最优解以最小化总惩罚。

我们的动态算法还可以借鉴文献 Hoesel(1994) 的几何技巧，问题的复杂性可以降至 $O(n^2 \log n)$。

4.4　交货期窗口的位置待定

假设交货期窗口的位置 e 是决策变量，γ 为其单位时间费用。由于竞争者希望有较早的交货期，往往 γ 的取值较大，从而在一定程度上象征着工业竞争力。排序 σ 的费用函数定义为：

$$Z_2(\sigma) = \sum_{i=1}^{n} (\alpha E_i + \beta T_i) + \gamma e$$

也就是说，最优排序不仅包含工件的分批情况、批的加工顺序，还要确定交货期窗口的位置；目标是最小化总赋权提前/延误时间及交货期窗口定位费用的和。不失一般性，假设 $\gamma > 0$。除了性质 5，4.3 节提到的其他性质仍然适用。而且，还具有以下特性。

性质 8　在任意一个最优排序中，第一个被加工的批在零时刻开工。

根据性质 3，准时集合至多包含一个批，而且是加工时间最小的那些工件，即 $W = \varnothing$ 或者 $B_W = \{J_1, \cdots, J_i\}$ 其中 $1 \leqslant i \leqslant n$。于是对于后者，根据以上提出的性质，有 $C(B_W) = p_i$。所以，如果 $W \neq \varnothing$，有 $E = \varnothing$ 且 $S(B_W) = 0, C(B_W) = p(B_W)$。另一方面，$e \leqslant C(B_W) \leqslant e + w$。从而 $\max(0, C(B_W) - w) \leqslant e \leqslant C(B_W)$，于是 e 的取值由 B_W 确定。

性质 9　在任意一个最优排序 σ 中，如果 $W \neq \varnothing$，则 e 的取值为 $\max(0, p(B_W) - w)$ 或 $p(B_W)$。

证明： 假设 B_W 已知，延误序列为 $\{B_1, B_2, \cdots, B_m\}$，于是目标函数为：

$$
\begin{aligned}
Z_2(\sigma) &= \sum_{i=1}^{n} (\alpha E_i + \beta T_i) + \gamma e \\
&= \beta\{[C(B_W) + p(B_1) - d] \times |B_1| + [C(B_W) + p(B_1) + \\
&\quad p(B_2) - d] \times |B_2| + \cdots + [C(B_W) + p(B_1) + \cdots + \\
&\quad p(B_m) - d] \times |B_m|\} + \gamma e
\end{aligned}
$$

$$= \beta \{ [\, |T| \times p(B_1) \,] + [\, (|T| - |B_1|) \times p(B_2) \,] + \cdots +$$
$$[\, |B_m| \times p(B_m) \,] + |T| \times p(B_W) \} + (\gamma - |T|\beta)e -$$
$$|T|\beta w$$

其中，$d = e + w$，$C(B_W) = p(B_W)$。容易看出，当 $|T| = n - |W|$ 确定后，$Z_2(\sigma)$ 是 e 的线性函数；另外有 $e \leqslant p(B_W) \leqslant e + w$。所以，当 $\gamma \leqslant |T|\beta$ 时，e 等于 $p(B_W)$；否则，e 的值为 $\max(0, p(B_W) - w)$。证毕。

　　像 4.3 节提到的一样，如果 $E \neq \varnothing$，则 $W = \varnothing$。既然批容量是无限的，提前集合中只有一个批且包含最小的一些工件，即 $B_E = \{J_1, \cdots, J_i\}$ 其中 $1 \leqslant i \leqslant n$。于是 $S(B_E) = 0$，$C(B_E) = p_i$。

　　另一方面，$e > C(B_E)$。记第一个延误批为 B_1，则 $p(B_1)$ 等于 $p_{i+1}, p_{i+2}, \cdots, p_n$ 中的某一个值且 $p(B_1) > w$。设 $p(B_1) = p_l$，于是 $p_i + p_l \geqslant d + 1 = e + w + 1$，则 $e \leqslant p_i + p_l - w - 1$。类似于性质 5 和性质 9，$e$ 的取值由 B_E 和 B_1 的加工时间决定，或取最大值 $p(B_E) + p_l - w - 1$，或最小值 $p(B_E) + 1$。综合起来，可以得到以下算法。

算法 2

步骤 2.1　按 SPT 顺序排列并标记工件使得 $p_1 \leqslant p_2 \leqslant \cdots \leqslant p_n$。

步骤 2.2　假设 $E = \varnothing$。批 $B_w = \{J_0, J_1, \cdots, J_i\}$ 的开工时间为零。当 $\gamma \leqslant (n - i)\beta$，令 $e = p_i$；否则，令 $e = \max(0, p_i - w)$。对 $i = 0, 1, \cdots, n$，执行算法 1 中的步骤 1.2 至步骤 1.4，但总的惩罚要加上 γe。

步骤 2.3　当 $E \neq \varnothing$，则 $W = \varnothing$。按步骤 2.2 确定 $B_E = \{J_1, \cdots, J_i\}$，对 $r = \min\{j : p_j > w\}$；$l = r, \cdots, n$，令 $e = p_i + 1$ 或 $e = p_i + p_l - w - 1$。设第一个延误批 $B_1 = \{J_{i+1}, \cdots, J_l\}$。对 $i = 1, 2, \cdots, n$；$l = r, \cdots, n$，置 $t = p_i + p_l$，并执行算法 1 中的步骤 1.5 计算 G'_{l+1} 来确定其他延误批。于是 $Z'_2 = i\alpha(e - p_i) + (l - i)\beta t + \beta G'_{l+1} - \beta(n - i)(e + w) + \gamma e$，其中 $i = 1, 2, \cdots, n$；$l = r, \cdots, n$，找其总惩罚最小者。

步骤 2.4　比较总惩罚得到最小者作为最优值，对应的排序包括 e 的取值就是我们所要的最优排序。

　　算法 1 和算法 2 的区别在于后者的最早交货期是决策变量；类似

于算法 1 的时间计算,算法 2 所用的时间是 $O(n^4)$ 。

定理 2　当最早交货期是决策变量时,算法 2 在时间 $O(n^4)$ 内得到最优排序。

进一步,本节的算法也可以借助 Hoesel(1994)中的几何技巧把运行时间减为 $O(n^3 \log n)$ 。

4.5　结语

本章探讨了有公共交货期窗口的同时加工排序,一台机器上可以同时加工多个工件。这里讨论批容量无界的情形。首次把窗时排序和同时加工排序结合起来,具有非常重要的理论价值和现实意义。对交货期窗口给定及其位置待定两种情况,经分析最优排序的性质分别给出了有效算法,以最小化关于提前时间和延误时间的惩罚;而且当最早交货期待定时,总费用要包括交货期窗口的定位费用。

当批的容量有界时,问题更具有实际意义,但其研究比较困难,将在第 5 章进行讨论。

第 5 章 关于非准时工件数的 有界批处理

5.1 问题描述

在这一章,我们仍然讨论批处理问题,最小化提前和延误赋权工件数的窗时排序,工件可以成批同时加工,此处批的容量是有限的。至于无限情形 $b \geqslant n$,最优排序的性质和算法与第 2 章相似,可以在 $O(n \log n)$ 时间内解决,所以在此省略其讨论。本章假设 $b < n$,即有界的同时加工排序。

集合 $J = \{J_1, J_2, \cdots, J_n\}$ 中的 n 个工件要在一台批处理机上被加工,每个批至多包含 b 个工件,其中 $b < n$。批的加工时间等于该批中工件的最大加工时间;一旦它开始加工就不能中断,其他工件也不能再加入其中,因此,这些工件有相同的开工时间和完工时间。用 p_i 记 $J_i \in J$ 的加工时间,所有工件同时就绪。批 B 的加工时间 $p(B) = \max \{p_i | J_i \in B\}$。

所有工件享有公共交货期窗口 $[e, d]$,窗口的大小 $w = d - e$。假设 w 给定而 e 待定。如果 J_i 在 e 之前完工受到惩罚 α_i,而在 d 之后完成处以 β_i 惩罚($i = 1, 2, \cdots, n$)。记批 B 的开工时间和完工时间分别为 $S(B)$ 和 $C(B)$;则对 $J_i \in B$,有 $S_i = S(B)$,$C_i = C(B)$。进而,U_i 和 V_i 的定义同第 2 章,于是排序 σ 的目标函数为:

$$Z_1(\sigma) = \sum_{i=1}^{n} (\alpha_i U_i + \beta V_i) + \gamma e$$

其中,γ 是交货期窗口位置的单位时间费用。

我们的目标是找到最优排序以最小化总惩罚值 $Z_1(\sigma)$,记该问题为(P)。在排序 σ 中,提前集合、准时集合及延误集合的定义仍然如上章所述。为了讨论方便,假设以上参数都是非负整数。

当 $b=1$ 时,机器每次只能加工一个工件,Yeung(2001)中证明此问题是 NP – 完备的。而问题(P)至少与 $b=1$ 的情形一样难,所以它也是 NP – 完备的;而且也比 $b \geq n$ 时复杂得多。进一步,我们有下面结论。

定理 1 即使是 $b=2$ 时,问题(P)也是强 NP – 完备的。

证明:为了证明这个定理,只需把 3 – 划分问题的一个实例转化成(P)的实例。

3 – 划分问题:

给定 $3m+1$ 个正整数 $a_1, a_2, \cdots, a_{3m}$ 及 A,其中 $A/4 < a_i < A/2$ $(i = 1, 2, \cdots, 3m)$。而且 $\sum\limits_{i=1}^{3m} a_i = mA$。能否把 $\Omega = \{1, 2, \cdots, 3m\}$ 划分成 m 个集合 $\Omega_1, \Omega_2, \cdots, \Omega_m$ 使得 $\sum\limits_{i \in \Omega_j} a_i = A$,其中 $j = 1, 2, \cdots, m$?

假设 $\{a_1, a_2, \cdots, a_{3m}, A\}$ 是 3 – 划分问题的一个实例。下面我们构造(P)的一个实例。设 $n = 6m^2 \ (m \in \mathbf{Z}^+)$,$b = 2$。对 $i = 1, 2, \cdots, 3m$;$j = 0, 1, \cdots, m$,$J_{i,j}$ 的运行时间是 $p_{i,j} = 2iD + 2(m-j)a_i$,其中 $D = m^3 A$。显然,$p_{i,j} > p_{i,j+1}$。对 $i = 3m+1, \cdots, 6m$;$j = 2, \cdots, m$,$J_{i,j}$ 的加工时间是 $p_{i,j} = 2(i-3m)D + 2(m-j)a_{i-3m} = p_{i-3m,j}$;为了叙述的方便,将这些工件记为 $J_{3m+i,j}$,加工时间为 $p_{3m+i,j}$,其中 $i = 1, 2, \cdots, 3m$。交货期窗口由 $e = 0$ 和 $w = 3m^5(3m+1)A + m^3 A + mA$ 确定。

另外,设 $\gamma = 1$,$\alpha_{i,j} = p_{i,j}$,$\beta_{i,j} = 2p_{i,j}$。根据文献 Brucker(1998)中的讨论,类似地来考虑(P)的排序。整个排序由 m 个批块组成,其中每个批块包含 $3m$ 个批。在块 j 中$(j = 1, 2, \cdots, m)$,有 3 个批 $\{J_{i,j}, J_{i,0}\}$ $(i \in \Omega_j)$ 和 $3m-3$ 个批 $\{J_{i,j}, J_{3m+i,j}\}$ 或者 $\{J_{i,j}, J_{3m+i,j+1}\}$ $(i \notin \Omega_j)$。于是,所有批的总加工时间为:

$$\sum_{j=1}^{m} \left[\sum_{i \in \Omega_j} p_{i,0} + \sum_{i \notin \Omega_j} p_{i,j} \right]$$

$$= \sum_{j=1}^{m} \Big[\sum_{i=1}^{3m} 2iD + \sum_{i \in \Omega_j} 2ma_i + \sum_{i \notin \Omega_j} 2(m-j)a_i \Big]$$

$$= \sum_{j=1}^{m} \Big[\sum_{i=1}^{3m} 2iD + 2mA + 2(m-j)(m-1)A \Big]$$

$$= 3m^5(3m+1)A + m^3A + mA$$

$$= w$$

其中，$\sum_{i \in \Omega_j} a_i = A$，$\sum_{i \notin \Omega_j} a_i = mA - A$。这个值恰好等于 w，所以我们能得到一个惩罚值 $Z_1 = 0$ 的排序。

相反，如果我们知道惩罚值 $Z_1(\sigma) \leq 0$ 的排序 σ，亦即 $Z_1(\sigma) = 0$。则必有 $e = 0$（$\gamma > 0$ 时），并且所有工件在 $[0,w]$ 内加工。于是借鉴文献 Brucker(1998) 中的讨论，调整可得到 3 - 划分的一个实例，细节从略。总之，问题 (P) 是强 NP - 完备的。证毕。

5.2　最优性质

显然，最优排序中，从第一个批开始加工至最后一个批的完成之间没有空闲时间；而且，第一个批的开工时间为零。

性质 1　在最优排序 σ 中，存在 B_k 使得 $C(B_k) = d$。

证明： 假设没有在 d 完工的批，即有批 B_k 满足 $S(B_k) < d$ 且 $C(B_k) = d + \varepsilon$，其中 $0 < \varepsilon < p(B_k)$。

如果 $e \geq p(B_k) - \varepsilon$，把交货期窗口左移 $p(B_k) - \varepsilon$，使得 B_k 之前的紧邻批恰好在 d 完成。并把新的排序记为 σ'，则 $\Delta Z_1 = Z_1(\sigma') - Z_1(\sigma) \leq -\gamma(p(B_k) - \varepsilon) < 0$。如果 $e < p(B_k) - \varepsilon$，置 $e = 0$，然后 σ 的批序列向右移动使得 B_k 的完工时间为 d，同样有 $\Delta Z_1 < 0$。以上两种情况均与 σ 的最优性矛盾，所以存在 B_k 使得 $C(B_k) = d$。证毕。

对交货期窗口的定位可以按两种情况讨论：$e = 0$ 及 $e \geq 1$。从以上性质看出，当 $e \geq 1$ 时，可能存在 B_j 使得 $S(B_j) < e$ 且 $C(B_j) > e$，称之为跨越 e 的批，记做 B_e。另外，由于这里讨论的排序是关于工件是否提前或延误，而不是提前和延误了多长时间。

性质 2   在最优排序 σ 中,提前集合 $E(\sigma)$、准时集合 $W(\sigma) - \{B_e\}$ 及延误集合 $T(\sigma)$ 中批的次序是任意的。

不失一般性,假设 $p_1 \leqslant p_2 \leqslant \cdots \leqslant p_n$。由于提前和延误惩罚与具体的工件有关,$(P)$ 的最优排序不一定是 SPT – 批序的。尽管 3 个集合中批的工件可能没有连续的下标,但是,有以下性质。

性质 3   在最优排序中,对于准时集合中的批序列而言,它们是 SPT – 批序的,而且只可能最小的批不满,其他都是满的。提前集合亦是如此。

其证明同第 4 章性质 3。

根据性质 2,除了 B_e 外,各集合中批的次序可以不考虑,而且 B_e 是准时集合中的最大者,其道理类似于 $b = 1$ 的情形。而性质 3 是为了使比较多的工件装入准时集合,而且只可能是最小的批不满。批 B_e 则是满的,因为如果它不满,把最小准时批中的最大工件放入 B_e,然后再向左移动交货期窗口会使得总惩罚变小。提前集合中的工件排列也是同样道理,目的是为了减小 e。同时,这个性质也说明把一个工件放入准时集合或者提前集合会造成该集合中工件的重新分批,当然把某个工件挪出时也会有同样后果。

提前工件 $J_i(i = 1, 2, \cdots, n)$ 的惩罚为 $\alpha_i + \gamma \delta_i$,其中 δ_i 是把它放入提前集合并按照性质 3 的原则处理提前批后引起 e 的变化量,称其为提前贡献。易知,$0 \leqslant \delta_i \leqslant p_i$。但是 δ_i 要受提前集合中其他工件的影响,难于确定。如果 $J_i \in T$,它的延误贡献为 δ_i。然而,由于分批的影响,解决 (P) 的难点在于不容易判断一个工件是提前还是延误。为了尽量减少总惩罚,有以下结论。

性质 4   在最优排序 σ 中,对工件 $J_i(i = 1, 2, \cdots, n)$,

①如果 $\alpha_i + \gamma p_i \leqslant \beta_i$,则 $J_i \notin T(\sigma)$;

②如果 $\alpha_i \geqslant \beta_i$,则 $J_i \notin E(\sigma)$。

证明:只需证明①。假设 J_i 满足 $\alpha_i + \gamma p_i \leqslant \beta_i$,但 J_i 是延误的。构造 σ':把 J_i 重新置入提前集合并按性质 3 去调整提前工件,$W(\sigma)$ 不

变。设 e 增大了 δ_i，则总费用变化了：

$$\Delta Z = Z(\sigma') - Z(\sigma)$$
$$= \alpha_i + \gamma\delta_i - \beta_i$$
$$\leq \alpha_i + \gamma p_i - \beta_i \leq 0$$

与 σ 的最优性矛盾。所以，$J_i \notin T(\sigma)$。

5.3　几种可解的情况

5.3.1　所有提前惩罚为零

当 $\alpha_i = 0(i = 1, 2, \cdots, n)$ 时，问题 (P) 成为有待定交货期的准时排序问题以最小化：

$$Z_2(\sigma) = \sum_{i=1}^{n} \beta_i V_i + \gamma(d - w)$$

即最小化 $\sum_{i=1}^{n} \beta_i V_i + \gamma d$，其条件是 $d \geq w$。当 $b = 1$ 时，此问题是 NP – 完备的，其证明可以借鉴文献 Yeung(2001)。所以本节中的问题也是 NP – 完备的，以上提到的最优性质仍然有效。既然排在 d 之前的工件均没有提前和延误惩罚，就可以不考虑 B_e；而且这些工件满足 SPT – 批序，较大的批都是满的。

既然此问题是 NP – 完备的，我们尽力得到拟多项式时间算法。不难看出，d 的最大值为 $\max(p_n + p_{n-b} + p_{n-2b} + \cdots + p_{n-\lfloor n/b \rfloor b}, w)$，记做 $d_{\max}$。不失一般性，假设 $p_0 = 0$，$w < p_n + p_{n-b} + p_{n-2b} + \cdots + p_{n-\lfloor n/b \rfloor b}$，即 $d_{\max} = p_n + p_{n-b} + p_{n-2b} + \cdots + p_{n-\lfloor n/b \rfloor b}$。当工件集合 π 排在 d 之前，设它所包含批的最小总加工时间为 t，令 $G(\pi, t)$ 表示包含 γw 在内的最小总惩罚。提出以下动态规划算法。

算法 1

初始化：

$G(\varnothing, t) = 0$，其中 $t = 0, 1, \cdots, d$；

$G(\pi, 0) = 0$，其中 $\pi \subseteq J$。

循环：

$$G(\pi,t) = \min\begin{cases} \gamma(t-p(B)) + \sum_{J_j \in B}\beta_j + \sum_{J_j \in J-\pi-B}\beta_j, \text{对批 } B \\ \min_B\{\gamma t + \sum_{J_j \in J-\pi}\beta_j\} \end{cases}$$

其中，$d = w, w+1, \cdots, d_{max}$；$t = 1, 2, \cdots, d$；$p(B) = 1, \cdots, t$。则 $G(J, d_{max}) = \gamma d_{max}$。$d$ 之前的最小批可能不满，基数为 $1, 2, \cdots, b$；而其他批都是满的。另外，当 B 放在 d 前面时，为了使 t 最小，所有已排好的工件要满足 SPT – 批序而且较大批都是满的。也就是说，当一个新批加入时，要进行如上操作，从而导致重排。所以，t 在不断更新以满足此条件。

在确定批 B 时，可以用枚举法来确定 $p(B)$ 的值，而且它包含的工件 J_j 满足 $p_j \leq p(B)$。在第一个式子中，$\sum_{J_j \in B}\beta_j$ 表示 $J-\pi$ 中 $|B|$ 个工件的最小总惩罚，而且此批的加工时间为 $p(B)$。第二个式子中，选择有最大惩罚的 $|B|-1$ 个工件以满足 $\gamma p(B) < \sum_{J_j \in B}\beta_j$。

最优解：

$$G_{opt} = \min\{G(\pi,d): d = w, w+1, \cdots, d_{max}\} - \gamma w$$

既然以上算法是构造性的，它的最优性不证自明。通过简单的时间计算，至多有 $\lfloor n/b \rfloor$ 个批排在 d 前面，每次需要 $O(n)$ 时间调整排序以满足 SPT – 批序。另外，最小批的基数为 $1, 2, \cdots, b$，确定 $p(B)$ 所用时间为 p_{max}，所以时间复杂性为：

$$O(n\lfloor n/b \rfloor b\, d_{max}\, p_{max}(d_{max}-w)) = O(n^2 p_{max} d_{max}(d_{max}-w))$$

其中，$d_{max} = p_n + p_{n-b} + p_{n-2b} + \cdots + p_{n-\lfloor n/b \rfloor b}$，$p_{max} = \max\{p_i | J_i \in J\}$。

5.3.2 如果 $\gamma = 0$

当 $\gamma = 0$ 时，最优排序中交货期窗口的位置可以取任意大的值。所以，只需使得准时集合能避免最多的惩罚，而且提前集合和延误集合中的批以任意方式和顺序排列，但是为了讨论方便，假设它们分别满足 SPT – 批序而且较大的批都是满的。总之，我们的任务就是如何得到能够避免最多惩罚的准时集合。

类似于 Yeung(2001) 中的讨论,当 $b=1$ 时,问题是 NP – 完备的。所以本节中的问题亦是如此。最优排序中,最小的准时批可能不满,而其他准时批都是满的;所有准时批的加工时间和不小于 w,否则,可以通过增加 e 使得某个延误批作为 B_e 来改进排序性能。不失一般性,假设 $p_1 \leqslant p_2 \leqslant \cdots \leqslant p_n$,并且 $w \leqslant p_n + p_{n-b} + \cdots + p_{n-\lfloor n/b \rfloor b}$,否则,所有的工件都在准时集合中。

定义潜在提前集合和潜在延误集合分别为 $E' = \{J_i \mid \alpha_i \leqslant \beta_i\}$, $T' = \{J_i \mid \alpha_i > \beta_i\}$。用 k 记准时集合中批的最小占用时间,对应工件集合为 π,则 $k = 0, 1, \cdots, w + p_{max} - 1$,其中 $p_{max} = \max\{p_1, p_2, \cdots, p_n\}$。另外,用 $H(\pi, k)$ 表示 W 避免的惩罚。

算法 2

初始化:

$H(\pi, 0) = 0$,其中 $\pi \subseteq J$;

$H(\varnothing, k) = 0$,其中 $k = 0, 1, \cdots, w + p_{max} - 1$;

$H(\pi, k) = \max\left\{ \sum_{J_j \in B_1} (\min(\alpha_i, \beta_i)) \mid k = 0, 1, \cdots, p_{max}, p(B_1) = k, \pi = B_1 \right\}$,其中 $|B_1| = 1, 2, \cdots, b$。

循环:

$H(\pi, k)$

$$= \max \begin{cases} H(\pi - B, k), \text{对批 } B \\ \max_B \left\{ H(\pi - B, k - p(B)) + \sum_{J_j \in B} (\min(\alpha_i, \beta_i)) \mid B \mid = b, \right. \\ \left. p(B) \leqslant p_{max} \right\} \end{cases}$$

其中,$k = p(B_1), p(B_1) + 1, \cdots, w + p_{max} - 1$。

最优解:

$$Z = \sum_{J_j \in E} \alpha_i + \sum_{J_j \in T} \beta_i - \max(H(\pi, k))$$

其中,$k = 0, 1, \cdots, w + p_{max} - 1$。

本算法中批 B 的搜寻类似于 5.3.1 所述,目的是为了使准时集合能够避免最多的惩罚,所用时间为 $O(bn\lfloor n/b\rfloor p_{max}(w+p_{max})) = O(n^2 p_{max}(w+p_{max}))$。

5.3.3 $\alpha_i = \alpha, \beta_i = \beta (i = 1, 2, \cdots, n)$

这里考虑(P)的另一个简单特例,假设 $\alpha_i = \alpha, \beta_i = \beta$,其中 $i = 1, 2, \cdots, n$,即提前和延误惩罚与工件无关且非对称的。则排序 σ 的惩罚函数为:

$$Z_3(\sigma) = \sum_{i=1}^{n} (\alpha U_i + \beta V_i) + \gamma e$$

性质 1 至性质 3 仍然成立,而且 $W(\sigma)$ 包含那些加工时间最小的工件,其道理同第 4 章性质 2,B_e 是最大的准时满批。同样,提前集合中工件的加工时间不大于延误集合工件的加工时间,所以最优排序是 SPT – 批序的。定义集合 A 中的批序列为 $B_{A,1}, B_{A,2}, \cdots$,其中 A 代表提前集合、准时集合或者延误集合。

算法 3

步骤 3.1 按 SPT 序标记工件的下标使得 $p_1 \leqslant p_2 \leqslant \cdots \leqslant p_n$。令 $k = 1, l = 1$。

步骤 3.2 如果 $e \geqslant 1$,把 J 中最小的 k 个工件放入 $B_{W,1}$,并按以下形式得到其他准时批:$B_{W,2} = \{J_{k+1}, \cdots, J_{k+b}\}, \cdots, B_{W,r-1} = \{J_{k+(r-3)b+1}, \cdots, J_{k+(r-2)b}\}$ 及 $B_{W,r} = \{J_{k+(r-2)b+1}, \cdots, J_s\}$。其中,$s = k + (r-1)b, r = \min \{j \mid \sum_{f=0}^{j-1} p_{k+fb} \geqslant w\}$。如果 $\sum_{f=0}^{r-1} p_{k+fb} > w$,令 $B_e = B_{W,r}$。如果 $\alpha \geqslant \beta$,把剩余工件都放入延误集合,转到步骤 3.5;否则,转到步骤 3.3。

步骤 3.3 如果 $l\alpha + \gamma p_{s+l} \leqslant l\beta$,把 $J - W$ 中的 l 个工件放入 $B_{E,1}$;否则,转至步骤 3.4。对于剩余工件,只要 $b\alpha + \gamma p_E \leqslant b\beta$(其中 p_E 代表提前批的加工时间),就把 b 个最小的工件放入一个满的提前批;否则,转至步骤 3.4。

步骤 3.4 如果 $l < b$,令 $l := l + 1$ 并转至步骤 3.3;否则,转至步骤 3.5。

步骤3.5　如果 $k < b$，令 $k := k + 1$ 并转至步骤3.2;否则,转至步骤3.6。

步骤3.6　若 $e = 0$,令 $E = \varnothing$,按照步骤3.2得到 W,但是 $r = \max\{j \mid \sum_{f=0}^{j-1} p_{k+fb} \leqslant w\}$。

步骤3.7　令 $T = J - W - E$。计算并比较各种情形下的总惩罚,把有最小函数值的排序作为最优排序,其中包括 e 的取值。

说明:类似于第4章的讨论,尽管 W 包含最小的工件,但并不说明 W 中的工件越多越好,它的工件个数受最小准时批及 w 值的限制。而最小提前批也有类似的处境,所以用枚举法来确定最小提前批和最小准时批的基数。就 $e = 0$ 和 $e \geqslant 1$,算法3分别进行了讨论。而且,对有 l 个工件、加工时间为 p 的批,如果 $l\alpha + \gamma p < l\beta$,则它不能作为延误批。总之,算法3对这里的特例是最优的,乃是 Yeung(2001) 中结果的推广。

容易看出,步骤3.2至步骤3.5用时 $O(b^2 n)$,而步骤3.1的执行时间为 $O(n \log n)$,所以总时间是 $O(\max(b^2 n, n \log n))$,最差情况下用时 $O(n^3)$(即 b 较大时)。

定理2　当提前和延误惩罚系数与工件无关时,算法3能在时间 $O(\max(b^2 n, n \log n))$ 内得到最优排序。

5.4　当交货期窗口位置和大小待定时

假设 e 和 w 均待定,设 $\gamma(>0)$ 和 $\delta(>0)$ 分别为其单位时间费用。定义排序 σ 的费用函数:

$$Z_4(\sigma) = \sum_{i=1}^{n} (\alpha U_i + \beta V_i) + \gamma e + \delta w$$

为了进一步得到最优算法,推广结论,提出以下性质。

性质5　若 $\alpha \geqslant \beta$,则 $E = \varnothing$。

性质6　若 $\delta \leqslant \gamma$,则 $e = 0$。

性质 7 若 $\delta \geqslant \gamma + \alpha$ 及 $e \geqslant 1$，则 $w = 0$。

性质 8 若 $\gamma < \delta < \gamma + \alpha$，则 w 为开始时间和完成时间均在区间 $[e, d]$ 的批加工时间之和再加 1。

为了阐述方便，假设当 $i \leqslant 0$ 时，虚拟工件 J_i 的加工时间 $p_i = 0$。

算法 4

步骤 按 SPT 序标记工件的下标使得 $p_1 \leqslant p_2 \leqslant \cdots \leqslant p_n$。如果 $\delta \leqslant \gamma$，调用子算法 4.1；如果 $\delta \geqslant \gamma + \alpha$，调用子算法 4.2；如果 $\gamma < \delta < \gamma + \alpha$，调用子算法 4.3。

子算法 4.1

步骤 4.1.1 令 $e = 0, k = 1$ 及 $q = 1$。（根据性质 6）

步骤 4.1.2 如果 $k + (q-1)b < n$，置 $B_{W,1} = \{J_1, \cdots, J_k\}, \cdots, B_{W,q} = \{J_{k+1}, \cdots, J_{k+(q-1)b}\}$，使 $B_{W,1}$ 的开工时间为零。令 $w = p_k + p_{k+b} + \cdots + p_{k+(q-1)b}$，剩余工件按照性质 4 的原则放入 T 中并计算总惩罚：

$$Z_4 = \delta w + \beta(n - k - (q-1)b)$$

步骤 4.1.3 令 $q := q + 1$，转步骤 4.1.2。

步骤 4.1.4 如果 $k < b$，令 $k := k + 1$，转步骤 4.1.2。

步骤 4.1.5 比较在以上各种情况下的总惩罚 Z_4，并把最小的 Z_4 对应的排序作为最优排序。

子算法 4.2

步骤 4.2.1 令 $e = 0$，调用子算法 4.1。

步骤 4.2.2 考虑 $e \geqslant 1$，令 $w = 0$（根据性质 7）及 $y = 1$。

步骤 4.2.3 如果 $y < b$ 且 $y\alpha + \gamma p_y \leqslant y\beta$，置 $B_{E,1} = \{J_1, \cdots, J_y\}$；否则，剩余工件均放入 T 中。如果 $b\alpha + \gamma p_{y+b} \leqslant b\beta$，令 $B_{E,2} = \{J_{y+1}, \cdots, J_{y+b}\}$；否则将 $\{J_{y+1}, \cdots, J_{y+b}\}$ 及其他剩余工件均放入 T 中。直至当存在某 $x \geqslant 1$ 满足 $b\alpha + \gamma p_{y+xb} > b\beta$ 时，将 $\{J_{y+(x-1)b+1}, \cdots, J_n\}$ 放入 T 中，其余作为提前工件。令 $e = p_y + p_{y+b} + \cdots + p_{y+(x-1)b}$，计算总惩罚：

$$Z_4 = (y + (x-1)b)\alpha + \gamma e + \beta(n - y - (x-1)b)$$

步骤 4.2.4 如果 $y < b$，令 $y := y + 1$，转步骤 4.2.3。

步骤 4.2.5　比较在以上各种情况下的总惩罚 Z_4，并把最小的 Z_4 对应的排序作为最优排序。

子算法 4.3

步骤 4.3.1　令 $k=1$ 及 $q=1$。（根据性质 8）

步骤 4.3.2　如果 $k+(q-1)b<n$，置 $B_{W,1}=\{J_1,\cdots,J_k\}$，$\cdots$，$B_{W,q}=\{J_{k+1},\cdots,J_{k+(q-1)b}\}$，令 $w=p_k+p_{k+b}+\cdots+p_{k+(q-2)b}+1$，使 $B_{W,1}$ 的完工时间为 w。

步骤 4.3.3　对于剩余工件，类似于子算法 4.2 来确定工件属于 E 还是属于 T，但其中 $B_{E,1}=\{J_{k+(q-1)b+1},\cdots,J_{k+(q-1)b+y}\}$。令 $e=p_y+p_{y+b}+\cdots+p_{y+(x-1)b}+p_{y+(q-1)b}-1$，则总惩罚：

$$Z_4=(y-k+(x-q)b)\alpha+\gamma e+\beta(n-y+k-(x-q)b)$$

步骤 4.3.4　如果 $k<b$，令 $k:=k+1$，转步骤 4.3.2。

步骤 4.3.5　比较在以上各种情况下的总惩罚 Z_4，并把最小的 Z_4 对应的排序作为最优排序。

根据 5.2 节得到的性质及相关分析，该算法的正确性不言而喻。按 SPT 序标记工件的下标所用的时间为 $O(n\log n)$。子算法 4.1 共执行 $O(b\lfloor n/b\rfloor)=O(n)$ 次循环，于是安排所有工件的时间为 $O(n^2)$，再选择所有情况中最小的总惩罚 Z_4 所需时间为 $O(n\log n)$；所以子算法 4.1 的总时间为 $O(n^2)$。类似地，子算法 4.2 所用的时间为 $O(bn)$；子算法 4.3 的总时间为 $O(bn^2)$。总之，该最优算法的总时间为 $O(bn^2)\leqslant O(n^3)$。

5.5　结语

本章探讨了在一台成批加工的机器上生产的排序问题，批的容量是 b，所有工件有公共交货期窗口。本章讨论的是有界情形，即 $b<n$，而且交货期窗口的位置或大小是待定的决策变量，目的是最小化提前和延误赋权工件数。当一个工件的提前和延误惩罚系数是任意整数时，证明了此问题是强 NP - 完备的，进而给出了一些最优

性质。

　　当提前惩罚或交货期窗口的定位费用为零时，问题仍然是 NP – 完备的，在 5.3 节给出了拟多项式时间算法，也说明了这两个问题是普通 NP – 完备问题。而当提前和延误惩罚系数与工件无关时，验证了它是 P – 问题，经分析得到了多项式时间算法。5.4 节给出了窗口位置和大小都待定的有效算法。

第6章 有界批处理问题以最小化提前和延误惩罚

6.1 引言

目前,有界同时加工排序问题的研究结果非常少。当所有工件有共同的就绪时间及 m 个不同的加工时间时,对 m 固定的情况,Hochbaum 提出了运行时间为 $O(m^2 3^m)$ 的最优算法以最小化总完工时间;而当 m 不固定时,他们给出了 2 – 近似算法。Brucker 等得到了 $O(n^{b(b-1)})$ 时间的动态规划算法;当有 m 个不同加工时间时,它的动态算法所需时间为 $O(b^2 m^2 2^m)$。进而,证明了几个准时排序问题是 NP – 困难的;并说明当批的个数固定时,任意正则函数都有多项式时间算法。

后来,邓小铁等对有相同或任意就绪时间的总完工时间问题给出多项式时间近似序列(PTAS)。本章仍然讨论工件成批加工的窗时排序,假设 $b < n$,即批容量有限的生产环境;目的是最小化赋权提前/延误惩罚。问题描述如下。

要在一台批处理机上加工 n 个相互独立且不可中断的工件 $\{J_1, J_2, \cdots, J_n\}$,所有工件同时就绪。机器每次至多加工 b 个工件且 $b < n$。符号 p_i、S_i 和 C_i 的意义同第 2 章所述,类似地,对批 B,其加工时间 $p(B) = \max\{p_i | J_i \in B\}$,开工时间 $S(B) = S_i$,完工时间 $C(B) = C_i$。假设工件按 SPT 序标记下标使得 $p_1 \leqslant p_2 \leqslant \cdots \leqslant p_n$。

所有工件享有公共交货期窗口 $[e, d]$,其中 $d \geqslant e$,窗口大小为 $w = d - e$。本章假设 w 和 e 均给定。不失一般性,假设 $w < p_n + p_{n-b} + p_{n-2b} + \cdots + p_{n-\lfloor n/b \rfloor b}$,否则,所有工件都能在区间 $[e, d]$ 内完工。如果

工件 J_i 在交货期窗口之前完成,会遭受提前惩罚,提前时间定义为 $E_i = \max\{0, e - C_i\}$;若在其之后完工,也要付出延误代价,延误时间为 $T_i = \max\{0, C_i - d\}$ 。进而,定义排序 σ 的费用函数为:

$$Z(\sigma) = \sum_{i=1}^{n} (\alpha_i E_i + \beta T_i)$$

其中,α 和 β 分别是提前和延误惩罚系数。同第 2 章一样,可以定义 $E(\sigma)$、$W(\sigma)$ 及 $T(\sigma)$ 。

文献 Kramer(1993) 中证明了当 $b = 1$ 时,此问题是 NP - 完备的。

定理 1 当批容量有限时,最小化 $\sum_{i=1}^{n} (\alpha_i E_i + \beta T_i)$ 的窗时排序问题是 NP - 完备的。

在 6.2 节,我们将会提出最优排序的几个结构化性质;6.3 节则给出两类特殊情况的最优解;6.4 节是对本章的总结。

6.2 最优性质

下面提出最优排序的几个性质,有助于探索问题的最优解。显然,在一个最优排序中,从第一个被加工批至最后一个批的完工之间没有空闲时间。

性质 1 在最优排序 σ 中,存在批 B 使得 $C(B) = e$ 或 $C(B) = d$,除非第一个批的开工时间为零。

证明: 假设存在批 B 和 B' 使得 $S(B) < e$ 但 $C(B) > e$,$S(B') < d$ 且 $C(B') > d$。如图 6.1 所示。

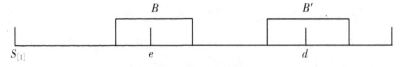

图 6.1 排序中存在跨越 e 和 d 的批

情况 1 把排序中的批序列向右移动 $\delta_1 = \min\{e - S(B), d - S(B')\}$,得到新排序 σ'。如果 $\delta_1 = e - S(B)$,则 B 之前的批恰好在 e

完成;若 $\delta_1 = d - S(B')$,则 B' 之前的批在 d 完成。于是总费用的变化为:

$$\Delta Z = Z(\sigma') - Z(\sigma) = -\alpha|E(\sigma)|\delta_1 + \beta|T(\sigma)|\delta_1$$

其中,$|E(\sigma)|$ 和 $|T(\sigma)|$ 分别记 $E(\sigma)$ 及 $T(\sigma)$ 中的工件个数。

情况 2　令 $\delta_2 = \min\{C(B) - e, C(B') - d, S_{[1]}\}$,其中 $S_{[1]}$ 表示第一个批的开工时间。将整个排序向左移动 δ_2,并记新的排序为 σ''。讨论同上,针对 δ_2 的 3 个不同取值,批 B 在 e 完工或者 B' 在 d 完工,或者第一个批的开工时间为零。从而费用变化为:

$$\Delta Z = Z(\sigma'') - Z(\sigma) = \alpha|E(\sigma)|\delta_2 - \beta|T(\sigma)|\delta_2$$

所以,如果 $\alpha|E(\sigma)| > \beta|T(\sigma)|$,根据情况 1,右移排序会减少惩罚;否则,把整个排序向左移动。均与 σ 的最优性矛盾,即性质中的结论成立。证毕。

从这个性质可以看出,在一个排序中可能存在这样的批:开工时间小于 e(或 d)而完工时间大于 e(或 d),相应地称它们为跨越 e(或 d)的批。

性质 2　存在最优排序 σ,使得 $W(\sigma)$ 包含加工时间最小的那些工件。

证明:假设准时批 B_1 中的工件 J_k 及非准时批 B_2 中的工件 J_j 满足 $p_k > p_j$,其中 $1 \leqslant k, j \leqslant n$ 且 $k \leqslant j$。

首先假设 $J_j \in E(\sigma)$。若 $|B_1| < b$,把 J_j 放入批 B_1 后使得总费用减少。否则,交换 J_k 和 J_j,把新的排序记为 σ'。讨论如下。

情况 1　B_2 中某个工件的加工时间不小于 p_k。于是 B_2 的加工时间不变,而 B_1 的加工时间可能变小。如果 $p(B_1)$ 变小,向左移动 B_1 后面的批使整个排序中没有空闲时间,所以 $\Delta Z = Z(\sigma') - Z(\sigma) \leqslant 0$。

情况 2　B_2 中的每个工件均比 J_k 小。不失一般性,假设 J_j 是 B_2 中最大者,而 J_k 是 B_1 中最大的。类似地,把 B_1 与 B_2 之间的批右移会使得 $\Delta Z \leqslant 0$。检验两个批中的其他工件后,要么结论成立,要么出现情况 1。

反复进行以上操作,直到最小的工件都移入交货期窗口中,得到的排序费用减少,与 σ 的最优性矛盾。所以对任意工件 $J_k \in W(\sigma)$,$J_j \in E(\sigma)$,必然有 $p_k \leqslant p_j$。

如果 $J_j \in T(\sigma)$,交换 J_k 和 J_j 的位置亦会改善排序性能。因此,最小的工件都在交货期窗口中完工。证毕。

如果一个批恰好包含 b 个工件,称其为满的;否则为不满的。在第 4 章中批容量无限的情况,最优排序是 SPT - 批序的。那么对本章批容量有限的情形,此结论是否成立呢?

性质 3　最优排序 $\sigma = \{B_1, B_2, \cdots, B_m\}$ 是 SPT - 批序的,其中 $B_l = \{J_i, \cdots, J_j\}, 1 \leqslant l \leqslant m, 1 \leqslant i \leqslant j \leqslant n$。进而,提前批按加工时间非增的顺序排列,而延误批则是非降的顺序。

证明:根据性质 2,最小的那些工件在交货期窗口中加工,为了使占用的总时间最少,它们一定满足 SPT - 批序而且加工时间较大的批都是满的,只可能最小的不满。因此,我们只需考虑提前集合和延误集合中的工件。

情况 1　假设提前工件 $J_s, J_{s+2} \in B_k$ 及 $J_{s+1} \in B_t$,其中 $1 \leqslant k, t \leqslant m$。如果 $t < k$ 且 $|B_k| < b$,把 J_{s+1} 放入 B_k 将减少总惩罚。如果 $|B_k| = b$,交换 J_{s+1} 与 J_{s+2}。类似于性质 1 中的讨论,新排序的惩罚函数值变小。若 $k < t$,交换 J_s 与 J_{s+1} 后也会出现同样的结果。因此,对任一个提前批,$l(B_k) \geqslant L(B_{k+1}), k = 1, 2, \cdots, m-1$,其中 $L(B_k)$ 和 $l(B_k)$ 分别是 B_k 中工件的最大和最小加工时间。

对延误集合的工件,同理可得类似结论,前一个批中任意一个工件的加工时间不大于后一个批的加工时间。

情况 2　设 J_s 和 J_{s+2} 是提前批 B 中的两个工件,J_{s+1} 是延误批 B' 的成员。如果 $p(B') > p_{s+1}$,交换 J_{s+1} 和 J_{s+2}。则 $p(B)$ 不会增大而 $p(B')$ 不变。如果 $p(B)$ 变小,把批 B 前面的工件右移将使总惩罚变小。如果 $p(B') \leqslant p_{s+1}$,交换 J_{s+1} 和 J_s,由于 $p(B')$ 减小,通过类似讨论,同样出现矛盾。

总之,每个批均是包含下标相邻的工件,而且提前批按加工时间非增的顺序排列,而延误批则是非降的顺序。证毕。

根据以上性质,整个排序是 SPT - 批序的,最优排序就可以被每个批中的最小工件确定,于是,把注意力集中在满足 SPT 的排序上。而对延误集合中的工件而言,是要最小化它们的总完工时间,Chandru(1993)对总完工时间的目标给出以下性质;对提前集合,也有下面类似结论。

性质 4　延误批序列 $B_1,B_2,\cdots,B_r$ 是最优序列当且仅当 $\dfrac{p(B_1)}{|B_1|}\leqslant$ $\dfrac{p(B_2)}{|B_2|}\leqslant\cdots\leqslant\dfrac{p(B_r)}{|B_r|}$,其中,$|B_j|$ 表示批 B_j 中的工件个数,$j=1,2,\cdots,r$。

性质 5　提前集合中批序列 $B'_1,B'_2,\cdots,B'_r$ 是最优的,当且仅当 $\dfrac{p(B'_1)}{|B'_1|}\geqslant\dfrac{p(B'_2)}{|B'_2|}\geqslant\cdots\geqslant\dfrac{p(B'_r)}{|B'_r|}$。

如果某些工件的加工时间相等,按其不同值分类,设有 h 类,使得 $p_1\leqslant p_2\leqslant\cdots\leqslant p_h$;类 $t\in\{1,2,\cdots,h\}$ 中有 n_t 个工件,则 $n=\sum_{t=1}^{h}n_t$。

如果一批中的所有工件来自于同一类,称为同类的;否则为非同类的。若 $p_t=p(B_i)$,称 t 支配批 B_i。根据 Chandru(1993)的结果,得到以下性质。

性质 6　关于类 $t,t\in\{1,2,\cdots,h\}$,最优排序中有 $\lfloor\dfrac{n_t}{b}\rfloor$ 个同类的满批;这些批在提前集合、准时集合及延误集合中是相邻的。

于是,我们可以首先把类中的这些工件分配到同类的满批中,剩下 $n_t-b\lfloor\dfrac{n_t}{b}\rfloor$ 个 t 类工件,$t\in\{1,2,\cdots,h\}$。

性质 7　在任意一个最优排序中,t 类至多支配一个非同类的批。

6.3 可解的特殊情况

6.3.1 如果 $E = \varnothing$

根据性质1,在一个最优排序中,第一个批的开工时间为零,或者某个批恰好在 e 或 d 完工。当 $E = \varnothing$ 时,此结论仍然成立。另一方面,只要在第一个批的完成时间不小于 e 的条件下,应该尽力向左移动批序列以减少延误工件的惩罚。根据性质2,准时集合包含加工时间最小的那些工件,比较容易确定。然后再对 $e = 0$ 和 $e > 0$ 两种情况,最小化延误工件的总完工时间。然而,当 b 不是固定常数时,最小化总完工时间的问题复杂性还没有解决,Deng(2002)给出了多项式时间近似序列(PTAS)。

用 A 分别表示 E、W 或 T,A 中的批序列记为 $B_{A,1}, B_{A,2}, \cdots$。尽管 W 包含最小的一些工件,但并不说明它包含最多工件就最优;也就是说,只要使 W 最小的批多包含一个工件(不满时),且所有准时批仍是 SPT - 批序的,T 中的最小工件可能能被 W 容下;但这会增加延误费用,从而需要综合考虑。因此,准时工件的个数由最小批的工件个数及 w 的值所确定。于是对 $E = \varnothing$ 的情况,得到以下的 PTAS。

算法1

步骤1.1 按加工时间的 SPT 顺序标记工件使得 $p_1 \leqslant p_2 \leqslant \cdots \leqslant p_n$。令 $E = \varnothing$,$k = 1$。

步骤1.2 记 $r = \min\{j \mid \sum_{f=0}^{j} p_{k+fb} \geqslant w\}$。把 J 中最小的 k 个工件放入 $B_{W,1}$。如果 $e + w \leqslant \sum_{f=0}^{j} p_{k+fb}$,置 $W = \{B_{W,r-1}, \cdots, B_{W,1}\}$,使其满足 SPT 批序且较大批是满的,令 $s = k + (r-1)b$ 及 $S(B_{W,r-1}) = 0$。

否则,令 $W = \{B_{W,r}, \cdots, B_{W,1}\}$ 及 $s = k + rb$,其中 $B_{W,r}$ 为跨越批。在保证 $C(B_{W,r}) \geqslant e$ 的前提下最大限度地向左移动这些批。

步骤1.3 对其他剩余工件,按文献 Deng(2002)中的方式放入

延误集合 $T = J - W$ 中,得到最小化它们的总完工时间 $C_{k,\mathrm{sum}}$ 的 PTAS。

步骤 1.4　若 $k < b$,令 $k := k + 1$ 并转至步骤 1.2。否则,转至步骤 1.5。

步骤 1.5　对 $k = 1, 2, \cdots, b$,根据步骤 1.2 中的两种情况计算 $Z = \beta(C_{k,\mathrm{sum}} - (n - s)d)$,选取惩罚值最小的作为最好的近似方案。

定理 2　当 $E = \varnothing$ 时,算法 1 给出了多项式时间近似序列(PTAS)。

6.3.2　所有加工时间相等

在这里,假设 $p_1 = p_2 = \cdots = p_n = p$,性质 1 至性质 7 仍然成立。

性质 8　在一个最优排序中,除了第一个批或最后一个批外,其他都是满的。

基于以上最优排序的性质,根据性质 1 的结论分 3 种情况讨论最优算法。

子算法 1

$\exists B$ 使得 $C(B) = e$。

步骤 1.1　每 b 个工件作为一批装入 $B_{W,1}, \cdots, B_{W,k}$ 中,其中 $k = \lfloor \dfrac{w}{p} \rfloor$ 且 $S(B_{W,1}) = e$。

步骤 1.2　如果 $e \geqslant p$,将足够多个工件放入 B 使得 $C(B) = e$ 且 $|B| \leqslant b$,转至步骤 1.3。如果 $e < p$,停止,因为没有完工时间为 e 的批存在。

步骤 1.3　如果提前集合中的剩余时间小于 p,其他工件将会放入延误集合使得前面批是满的,转至步骤 1.6。否则,执行步骤 1.4。

步骤 1.4　用 E'_B 和 T'_B 分别表示把 B' 放在现有批序列之前和之后的提前时间和延误时间。如果提前集合中的剩余时间足够大且 $\alpha E'_B < \beta T'_B$,把足够多个工件放入批 B' 作为提前工件使得 $|B'| \leqslant b$;否则,作为延误工件。

步骤 1.5　对于其他工件,执行步骤 1.3 至步骤 1.4,即使剩余工件的个数小于 b。

步骤 1.6 调整排序以满足文中提到的性质,计算总惩罚 Z_1。

子算法 2

$\exists B$ 使得 $C(B) = d$。

步骤 2.1 每 b 个工件作为一批放入 $B_{W,1}, \cdots, B_{W,k}$,其中 $k = \lceil \frac{w}{p} \rceil$, $C(B_{W,k}) = d$。

步骤 2.2 类似于步骤 1.3 至步骤 1.4 排列其他工件。再计算总惩罚 Z_2。

子算法 3

第一个批的开工时间为零。

步骤 3.1 如果 $e \leqslant p$,转至步骤 3.3。否则,令 $l = 1$, $B_{E,1} = \{J_1, \cdots, J_l\}$ 使得 $S(B_{E,1}) = 0$。再把其他工件放入满批中,最后一个批可能不满;排在 $B_{E,1}$ 后面。

步骤 3.2 若 $l < b$,令 $l := l+1$,使得 $B_{E,1} = \{J_1, \cdots, J_l\}$,转至步骤 3.1。否则,计算 $l = 1, 2, \cdots, b$ 时的总惩罚,并把最小者记作 Z_3。

步骤 3.3 每 b 个作为一批排下去,使整个排序无空闲时间且第一个批的开工时间为零。计算总惩罚 Z_3'。

算法 2

执行子算法 1 至子算法 3 后,得到并比较 Z_1, Z_2, Z_3 或 Z_3'。选择有最小惩罚的排序作为最优排序。

从算法 2 的进程来看,它显然是最优的。通过简单的时间计算,子算法 1 和子算法 2 分别用时 $O(n)$,而子算法 3 所用时间为 $O(\max(bn, b \log b)) = O(bn)$。

定理 3 当所有工件的加工时间相等时,算法 2 在 $O(bn)$ 时间内得到最优排序。

6.4 结语

我们研究了有公共交货期窗口的同时加工排序问题,而且批容量是有限的,每个批至多同时加工 b 个工件。目的是最小化总的赋权提前/延误惩罚,通过分析,进而得到了最优排序的几个性质。

　　进而本章解决了两类特殊情况。当提前集合 $E = \varnothing$,既然准时批包含加工时间最小的一些工件,容易确定;从而问题转化为最小化延误工件的总完工时间问题,借助于文献 Deng(2002)得到多项式时间近似序列(PTAS)。而当工件的运行时间都相等时,经分析得到有效算法,从而其复杂性是 P 的。

　　实际上,如果我们分别知道提前集合和延误集合中的工件,能够得到相应的 PTAS。然而,很难区分一个工件是提前还是延误,以最优化本章的排序。

第7章 交货期窗口待定的
成组分批排序

7.1 引言

  许多实际生产环境中要加工几类有相同装备的工件,于是另一种由于分批带来生产效益的形式是当各类工件有不同的生产条件时,机器可能需要一定时间进行调整。例如,考虑机械零件制造,期间有更换生产工具或者清洁机器等类似工序,统称为"安装任务"。根据工件间的相似性,把它们分成多个组,使得同组中的工件接连加工时不需要安装任务,称之为成组分批加工。然而,在整个排序开始及从加工一个组的工件转换到加工另一个组的工件时均需要安装任务。根据成组技术的原则,把同一组的工件排在一起加工是非常方便的;但这未必是最好的策略。而把一组工件分成几个批,每个批的工件连续加工,然后排列批的次序,这样可能更优化目标函数。

  在加工序列中,当加工一个与前面不同组的工件时,要首先处理其安装任务。这样,就出现了工件批,在该模型中,一个批是指一组中可以连续加工的最大工件集合,这些工件可能是一个、几个或者整个组的工件,它们共享一个安装任务。注意,这里的批与第6章是不同的。

  另一种由于分批带来生产效益的形式是当各工件需要不同的生产条件时,机器可能需要一定时间来调整机器,例如,更换生产工具或者清洁机器等类似工序,统称为安装任务。在成组分批加工中,根据工件的相似性,把它们分成多个组,使得同组中的工件接连加工期间不需要安装任务。然而,在整个排序开始及从加工一个组的工件转换到加工另一个组的工件时均需要安装任务。相对而言,大批(即包含工件多的批)会提高机器的使用效率,另一方面,它也会延误后面不同组的重要工件的加工。

由于组安装任务的干涉,成组分批排序问题变得更加难于研究。Monma(1989)探讨了成组分批排序的多种正则目标函数。后来,Dunstall(2000)给出了权威综述,以最小化总赋权完工时间、最大延误、延误工件的个数等。

Suriyaarachchi(2003)分析了有固定交货期窗口的成组分批排序问题,工件属于多个互不相容的组,目的是最小化提前和延误时间的惩罚。即使是当 $e=0$ 时,问题的复杂性仍然没有解决。当组的个数固定时,很多关于正则函数的排序问题已经被解决;但是当组的个数任意时,大部分问题还没有解决。Liu(2015)讨论了类似问题,但交货期窗口是待定的,给出了多项式时间算法。Li(2015)则研究了多个交货期窗口并且待定的窗时排序问题,不仅得到了工件的分批方法,还给出了使总费用最小的有效算法。Wang(2010)探讨了两阶段流水线上的成组分批排序,以最小化总的提前延误惩罚。

本书讨论同样的生产环境,但是其公共交货期窗口的位置或大小是决策变量,目标函数是最小化提前及延误的赋权工件个数及交货期窗口的决策费用,并给出了相应的多项式时间算法。首先提出最优排序的几条性质,经分析得到有效算法。

7.2　问题描述

假设有 n 个工件在一台机器上加工,每次只能加工一个工件;它们隶属于 f 个组,组 $F_i(1 \leqslant i \leqslant f)$ 包含的 n_i 个工件记为 $\{(i,1),(i,2),\cdots,(i,n_i)\}$ 且 $\sum_{i=1}^{f} n_i = n$;在组 F_i 的工件加工之前需要一个独立的安装任务,用 s_i 记其安装时间。机器和工件在零时刻到达。设工件 (i,j) 的加工时间为 p_{ij} 且加工过程不允许中断,开工时间为 S_{ij},则完

工时间 $C_{ij} = S_{ij} + p_{ij}$。用 J 记工件全集；它们有公共交货期窗口 $[e,d]$，其中 e 是最早交货期，d 是最迟交货期。若 $C_{ij} \in [e,d]$，则称 (i,j) 按时完工，在 e 之前（提前）和 d 之后（延误）完工分别承担惩罚 α 和 β，其中 α、$\beta > 0$。假设以上参数都是非负整数。定义：

$$U_{ij} = \begin{cases} 1, 若 C_{ij} \leq e \\ 0, 否则 \end{cases} ; V_{ij} = \begin{cases} 1, 若 C_{ij} > d \\ 0, 否则 \end{cases}$$

相应地，对排序 σ，定义提前集合 $E(\sigma)$、准时集合 $W(\sigma)$ 及延误集合 $T(\sigma)$ 为 $E(\sigma) = \{(i,j) \mid C_{ij} \leq e\}$，$W(\sigma) = \{(i,j) \mid e < C_{ij} \leq d\}$ 及 $T(\sigma) = \{(i,j) \mid C_{ij} > d\}$。

7.3 交货期窗口的位置 e 待定

假设交货期窗口 $[e,d]$ 的位置待定，并伴随有线性时间的定位费用 $L(e) = \gamma e$；而 $w = d - e$ 是给定的。则排序 σ 的目标函数为：

$$Z_1(\sigma) = \sum_{i=1}^{f} \sum_{j=1}^{n_i} (\alpha U_{ij} + \beta V_{ij}) + L(e)$$
$$= \alpha |E(\sigma)| + \beta |T(\sigma)| + \gamma e$$

其中，$|E(\sigma)|$ 和 $|T(\sigma)|$ 分别表示 $E(\sigma)$ 和 $T(\sigma)$ 中的工件数。为了叙述方便，在不引起混淆的情况下，将 $E(\sigma)$、$W(\sigma)$、$T(\sigma)$ 及 $Z_1(\sigma)$ 分别记为 E、W、T 及 Z_1。所以，我们的任务是把每组工件分成多个批，再排列这些批的次序以最小化 Z_1。不失一般性，假设 $\min_{ij}(p_{ij} + s_i) \leq w \leq \sum_{i=1}^{f} (s_i + \sum_{j=1}^{n_i} p_{ij})$，否则为平凡情形。

7.3.1 最优性质

容易看出，存在最优排序使得：①第一项被加工工件的安装任务在零时刻开始；②无论是工件之间还是工件与组安装任务之间均无空闲时间。

性质 1 存在最优排序，使得某项工件恰好在 d 完工，或者 $e = 0$ 且没有在 d 完成的工件。

证明:假设对任意最优排序,不妨取例 σ,都有工件 (i,j) 使得 $S_{ij} < d$ 但 $C_{ij} = d + \varepsilon$,其中 $\varepsilon > 0$。若 (i,j) 是所在批的第一项工件,可以把 s_i 合并到 p_{ij} 中。将交货期窗口左移 $\min(e, p_{ij} - \varepsilon)$,则有:

①若 $p_{ij} - \varepsilon \leqslant e$,则交货期窗口左移 $p_{ij} - \varepsilon$,排在 (i,j) 前面的那项工件恰好在 d 完成。易知 $\Delta|T| = 0, \Delta|W| \geqslant 0, \Delta|E| \leqslant 0$ 且 γe 变小,从而 $\Delta Z_1 < 0$;与 σ 的最优性矛盾。

②若 $p_{ij} - \varepsilon > e$,交货期窗口移到 $e = 0$ 且没有恰好在 d 完成的工件,讨论同上。总之,某项工件恰好在 d 完成;或者 $e = 0$ 且没有恰好在 d 完成的工件。证毕。

另一方面,当 $e = 0$ 时,第一个批的安装任务在零时刻开始处理;即可能没有在 d 完成的工件,存在 (i,j) 使得 $S_{ij} < d$ 但是 $C_{ij} > d$,记做 J_d,它也要受到惩罚 β。实际上,当 $e = 0$ 时,把整个加工序列向右移动使得 J_d 在 d 完工后并不增大总惩罚值。所以,为了讨论方便,假设总有某个工件在 d 完成,即不考虑 J_d。当 $e \geqslant 1$ 时,可能存在"跨越" e 的工件,记为 J_e,显然 $J_e \in W$。另外,对交货期窗口的定位可以从 $e = 0$ 和 $e \geqslant 1$ 两种情况讨论。由于这里不涉及提前时间和延误时间,从而有以下性质。

性质 2　在最优排序中,除"跨越"工件 J_e 所在的批外,E、W 及 T 中批的顺序是任意的,而且各批中工件的顺序也是任意的。

性质 3　存在最优排序,使得 W 包含每组的至多一个安装任务。

证明:假设 W 包含某 F_i 的两个批 r_k 和 r_s,其中 r_k 在 r_s 之前,而中间被工件集 V 隔开。交换 r_s 与 V 使得 r_k 与 r_s 相继排列,从而去掉 r_s 前的安装任务并将 r_s(或 r_k)及其后(或前)的工件左(或右)移 s_i,于是有 $\Delta Z_1 \leqslant 0$。出现矛盾,从而结论成立。证毕。

与性质 3 类似,在提前集合中,为了尽量减小 e,每组至多有一个安装任务。同时约定延误集合也遵循此结论。于是,把它们各自中的同组工件排在一起作为一个批。

性质 4　在最优排序 σ 中,如果同组工件 $(i,j) \in W$,而 $(i,k) \notin W$,

则 $p_{ij} \leqslant p_{ik}$。

证明：假设 $p_{ij} > p_{ik}$，则交换 (i,j) 与 (i,k)，其他工件的顺序不变并把新的排序记为 σ'。

情况1：若 $(i,k) \in E(\sigma)$，则 $e \geqslant 1$。无论 (i,j) 是否是 J_e，把 (i,j) 与 (i,k) 间的所有工件及安装任务均右移 $p_{ij} - p_{ik}$。于是 $\Delta|W| = |W(\sigma')| - |W(\sigma)| \geqslant 0, \Delta|E| = |E(\sigma')| - |E(\sigma)| \leqslant 0$，以及 $\Delta|T| = |T(\sigma')| - |T(\sigma)| = 0$。所以

$$\Delta Z_1 = Z_1(\sigma') - Z_1(\sigma) \leqslant 0$$

情况2：如果 $(i,k) \in T(\sigma)$，把 (i,j) 与 (i,k) 间的工件及安装任务向左移动 $p_{ij} - p_{ik}$。若 (i,j) 不是 J_e，则 $\Delta|W| \geqslant 0, \Delta|T| \leqslant 0$，从而 $\Delta Z_1 \leqslant 0$。如果 $(i,j) = J_e$，交货期窗口向左移动 $p_{ij} - p_{ik}$，则

$$\Delta Z_1 \leqslant -\gamma(p_{ij} - p_{ik}) < 0$$

总之，$p_{ij} \leqslant p_{ik}$，即 $W(\sigma)$ 包含同组中加工时间较小的工件。证毕。

从以上性质可以看出，要使 W 包含尽可能多的工件，必然把每组加工时间（可能包含组安装时间）最短的那些放入其中。同理可知，E 中工件的加工时间小于 T 中同组工件的加工时间。而下面的性质则是讨论某些工件是否可以放在 E 或 T 中。

性质5 在最优排序 σ 中，如果 $e \geqslant 1$，对工件 (i,j) 有：

①若 $\alpha + \gamma p_{ij} \geqslant \beta$，则 $(i,j) \notin E(\sigma)$；

②若 $\alpha + \gamma(p_{ij} + s_i) < \beta$，则 $(i,j) \notin T(\sigma)$。

证明：根据性质1，$T(\sigma)$ 的第一项工件恰好在 d 开始（也可能是它的组安装任务）。若 $\alpha + \gamma(p_{ij} + s_i) < \beta$ 但工件 $(i,j) \in T(\sigma)$。我们重新构造排序 σ'：把 (i,j) 放入 $E(\sigma')$ 中；若 $E(\sigma)$ 中有组 f_i 的工件，将 (i,j) 排置其后，并把交货期窗口右移 p_{ij}；否则放在任意一个批的前面，把交货期窗口右移 $p_{ij} + s_i$。于是

$$\Delta Z_1 = \alpha + \gamma p_{ij} - \beta$$
$$< \alpha + \gamma(p_{ij} + s_i) - \beta < 0$$

或者

$$\Delta Z_1 = \alpha + \gamma(p_{ij} + s_i) - \beta < 0$$

与 σ 的最优性矛盾。从而 $(i,j) \notin T(\sigma)$。

同理,若 $\alpha + \gamma p_{ij} \geq \beta$,则 $(i,j) \notin E(\sigma)$。证毕。

推论 若 $\alpha \geq \beta$,则对任意最优排序有 $E = \varnothing$。

由性质 5 可以推知,如果存在工件 $(i,j) \notin W$,使得 $\alpha + \gamma(p_{ij} + s_i) \leq \beta$,则 $(i,j) \in E$,从而 $e \geq 1$;如果 $(i,j) \notin W$ 满足 $\alpha + \gamma p_{ij} \geq \beta$,则 $(i,j) \in T$。但是如果 $\alpha + \gamma(p_{ij} + s_i) \geq \beta$ 且 $\alpha + \gamma p_{ik} < \beta$,其中 (i,j)、$(i,k) \notin W$ 满足 $p_{ij} \leq p_{ik}$,则 $\alpha + \gamma(p_{ik} + s_i) \geq \beta$ 成立,但是我们不能简单地判定这些工件在 T 中,因为如果 $[\alpha + \gamma(p_{ij} + s_i)] + [\alpha + \gamma p_{ik}] \leq 2\beta$,它们作为提前工件更合适。这也是算法的难点。

7.3.2 有效算法

记 $W_0 = \{(i,j) \mid S_{ij} \geq e, C_{ij} \leq d\}$。根据性质 4,$W$ 包含同组中较小的工件。

子算法(确定 W_0)

步骤 1 以 SPT - 序标记 F_i 中的工件 $(i,1)$,$(i,2)$,$\cdots$,(i,n_i) 的下标 $(i = 1, 2, \cdots, f)$。

步骤 2 对 $j = 2, \cdots, n_i$; $i = 1, 2, \cdots, f$,比较并按照 SPT - 序排列 $p_{i1} + s_i$ 及 p_{ij}。把排在前面的工件及安装任务放入 W_0 直至总加工时间即将超过 K,其中 $(i,1)$ 前要先执行安装任务。另外,只有当 $(i,1)$ 放入 W_0 后,工件 (i,j)(其中 $j > 1$)才有机会放入 W_0。

算法 1

步骤 1.1 执行子算法得到所有 W_0,用集合 Ω 记之。

步骤 1.2 对 $J - W_0$ 中的工件,把 $F_i (i = 1, 2, \cdots, f)$ 中加工时间最小的剩余工件作为 J_e,并把与 J_e 同组且满足 $\alpha + \gamma p_{ir} \leq \beta$ 的工件 (i,r) 排在 J_e 前面。令 $W = W_0 \cup \{J_e\}$。

步骤 1.3 若 $J - W$ 中 $F_i (i = 1, 2, \cdots, f)$ 的工件满足下面条件之一,则将其放入 T:①$\alpha + \gamma p_{ij} > \beta$;②$\alpha + \gamma(p_{ij} + s_i) \geq \beta$ 但 $\alpha + \gamma p_{ik} < \beta$,其中 $k > j$,把 (i,j) 及所有满足此条件的 (i,k) 的不等式相加,左边和

大于右边和。

令 $E = J - W - T$。调整 E、W 及 T 使得同组工件放在一起加工；而且如果 E 中某些工件与 J_e 同组，也要把它们连续加工。

步骤 1.4 令 $\Omega := \Omega - W_0$，如果 $\Omega \neq \varnothing$，转步骤 1.2；否则，计算 e 及 Z_1 的值以满足性质 1 至性质 5。

步骤 1.5 如果 $e = 0$，令 $W = W_0$，$T = J - W$，则总惩罚 $Z_1' = |T|\beta$。比较所有的 Z_1 和 Z_1'，并把有最小惩罚值的排序作为最优排序。

实际上，满足 $\alpha + \gamma(p_{ij} + s_i) \leqslant \beta$ 的工件 (i,j) $(\notin W)$，说明 $(i,j) \in E$ 且 $e \geqslant 1$，于是出现 J_e。当 $e = 0$ 时，有 $W = W_0$。本算法的最优性非常明显。根据性质 2，存在很多个最优排序。另外，子算法用时 $O(n \log n)$，步骤 1.3 用了 $O(n)$。既然算法中对选取 J_e 及所有的 W_0 进行了循环。

定理 1 算法 1 在 $O(n^2 f)$ 时间内得到最优排序。

在子算法中，如果 W_0 是唯一的，算法会变的比较简单，不用执行循环，用时为 $O(\max(n \log n, fn))$。

7.4 交货期窗口的位置和大小均待定

在这一节，生产环境与 7.3 节雷同，只是交货期窗口的大小也是决策变量，即 w 和 e 都是待定的。于是对排序 σ，目标是最小化以下惩罚函数：

$$Z_2(\sigma) = \sum_{i=1}^{f} \sum_{j=1}^{n_i} (\alpha U_{ij} + \beta V_{ij} + \gamma e + \delta w)$$

其中，γ 和 δ 分别是交货期窗口位置和大小的单位时间费用，而 αU_{ij} 和 βV_{ij} 为工件 (i,j) 的提前和延误惩罚。

7.3 节提到的几个性质仍然是成立的，有助于尽快得到最优算法。但它们只是提供了最优排序的必要条件。不失一般性，假设组 F_i 中的工件满足 $p_{i1} \leqslant p_{i2} \leqslant \cdots (i = 1, 2, \cdots, f)$。类似于第 6 章，下列特点仍然成立。

①如果 $\beta < \gamma$，则最优排序中必有 $e = 0$。

②如果 $\delta \geqslant \gamma + \alpha$ 且 $e \geqslant 1$，则 $w = 0$。

③在最优排序 σ 中，如果 $\gamma < \delta < \gamma + \alpha$ 且 $e \geqslant 1$，则 w 等于 1 加上 $W(\sigma) - \{J_e\}$ 中工件和安装任务的运行时间总和。

设 $(i, 0)$ 是加工时间 $p_{i0} = 0$ 的虚拟工件 $(i = 1, 2, \cdots, f)$。对 F_i 的成员，用 W_i 记在 W 中的工件；类似地，E_i 和 T_i 分别记在 E 和 T 中的工件。当 $\gamma < \delta < \gamma + \alpha$ 时，由于 J_e 的影响，把它们的中间集记为 E_{i0}、W_{i0} 和 T_{i0}。另外，置 $ET_i = E_{i0} \cup T_{i0}$ 和部分序列 $\sigma_{i0} = E_{i0} \cup W_{i0} \cup T_{i0}$。根据以上性质和讨论，得到下面的算法。

子算法 1（$\delta \geqslant \gamma + \alpha$）

步骤 1.1　令 $w = 0$，$W = \varnothing$（根据性质 1）及 $k = 0$。置 $i = 1$，按下面方式处理 F_i 中的工件。

步骤 1.2　如果 $|F_i| \geqslant 2$，只要 (i, t) 满足 $\alpha + \gamma p_{it} \geqslant \beta$，就把它放入 T_i，其中 $t = k + 2, \cdots, n_i$。则有以下两种情况。

情况 1：$\alpha + \gamma(p_{i(k+1)} + s_i) \leqslant \beta$，把 $(i, k+1)$ 放入 E_i。于是，如果存在 (i, t) 使得 $\alpha + \gamma p_{it} \leqslant \beta$，其中 $t = k + 2, \cdots, n_i$，就把所有这样的 (i, t) 均放入 E_i。

情况 2：$\alpha + \gamma(p_{i(k+1)} + s_i) > \beta$。如果存在工件 (i, t) 满足 $\alpha + \gamma p_{it} \leqslant \beta$，关于 $(i, k+1)$ 和所有这样 (i, t) 的不等式左边和右边分别相加，其中 $t \in \{k + 2, \cdots, n_i\}$；如果左边小于右边，把它们都放入 E_i；否则均放入 T_i。若没有满足 $\alpha + \gamma p_{it} \leqslant \beta$ 的工件 (i, t)，就把 $(i, k+1)$ 放入 T_i。

步骤 1.3　若 $i < f$，令 $i := i + 1$，转到步骤 1.2。否则，令 $E = \bigcup_{i=1}^{f} E_i$，$T = E = \bigcup_{i=1}^{f} T_i$。计算总惩罚及对应的 e。

子算法 2（$\delta \leqslant \gamma$）

步骤 2.1　取 $e = 0$，$E = \varnothing$。

步骤 2.2　对 $i = 1, 2, \cdots, f$，只要 (i, t) 满足 $\delta p_{it} > \beta$，就把它放入 T_i，其中 $t = 2, \cdots, n_i$。对其他工件有以下两种情况。

情况 1:$\delta(p_{i1}+s_i)\leqslant\beta$,把$(i,1)$放入$W_i$。于是若存在$(i,t)$使得$\delta p_{it}\leqslant\beta(t=2,\cdots,n_i)$,把这样的$(i,t)$均放入$W_i$。

情况 2:$\delta(p_{i1}+s_i)>\beta$。如果存在(i,t)满足$\delta p_{it}\leqslant\beta(t\in\{2,\cdots,n_i\})$,关于$(i,1)$和所有这种$(i,t)$的不等式两边求和,如果左边不大于右边,则把它们都放入W_i;否则均放入T_i。如果没有(i,t)满足$\delta p_{it}\leqslant\beta$,则把$(i,t)$放入$T_i$。

步骤 2.3 令$W=\overset{f}{\underset{i=1}{\cup}}W_i$,$T=\overset{f}{\underset{i=1}{\cup}}T_i$。计算$w$和总惩罚的值,使得某工件恰好在$d$完工。

子算法 3$(\gamma<\delta<\gamma+\alpha)$

步骤 3.1 令$i=1,k=0$。

步骤 3.2 令$W_{i0}=\{(i,0),\cdots,(i,k)\}$,$ET_i=F_i-W_{i0}$。类似于步骤 1.2 处理$ET_i(\neq\varnothing)$中的工件:$ET_i$代替$F_i$,$T_{i0}$代替$T_i$,$E_{i0}$代替$E_i$。

步骤 3.3 当$J_e\notin F_i$,计算部分序列σ_{i0}带来的惩罚,记作Z_{i0}。假设J_e是E_{i0}中任意一个工件、W_{i0}中最大者或T_{i0}的最小者,分别计算σ_{i0}的惩罚并把最小的记为Z_{i1}。

步骤 3.4 如果$k<n_i$,令$k:=k+1$并转到步骤 3.2。否则,对$k=0,1,\cdots,n_i$,得到最小的Z_{i1}、Z_{i0}及对应的σ_{i0}。若$i<f$,令$i:=i+1$并转到步骤 3.2。

步骤 3.5 对$J_e\in F_i$,计算$Z_i=Z_{i1}+\sum_{l\neq i}Z_{l0}(i,l=1,\cdots,f)$。比较所有的$Z_i(i=1,2,\cdots,f)$,把最小的记作$Z$。于是对相关的$i$及所有$l$,令$W_i=W_{i0}\cup J_e,E_i=E_{i0}-J_e,T_i=T_{i0}-J_e$,以及$W_l=W_{l0},E_l=E_{l0}$,$T_l=T_{l0}$。于是,相应的$w$和$e$的值很容易得到,其中$E=\overset{f}{\underset{i=1}{\cup}}E_i$,$W=\overset{f}{\underset{i=1}{\cup}}W_i$,$T=\overset{f}{\underset{i=1}{\cup}}T_i$。

算法 2

步骤 2.1 标记F_i的工件使得$p_{i1}\leqslant p_{i2}\leqslant\cdots(i=1,2,\cdots,f)$。

步骤 2.2　若 $\delta \geq \gamma + \alpha$,执行子算法 1;若 $\delta \leq \gamma$,调用子算法 2;当 $\gamma < \delta < \gamma + \alpha$ 时,调用子算法 3。

步骤 2.3　调整 E、W 及 T 使得同组工件排在一起加工,当 E 的某个工件与 J_e 同组时也是如此。输出最优排序及对应的 w 值和 e 值。

在以上的子算法中讨论了工件带来的费用影响。对工件 $(i,j) \in W - \{J_e\}$,如果它前面的工件不属于 F_i,费用为 $\delta(p_{ij} + s_i)$;否则,费用为 δp_{ij}。然而,若 $(i,j) = J_e$,它的费用是 $\gamma(p_{ij} + s_i - 1) + \delta$ 或 $\gamma(p_{ij} - 1) + \delta$。同理,$E$ 中 (i,j) 的费用为 $\alpha + \gamma(p_{ij} + s_i)$ 或者 $\alpha + \gamma p_{ij}$,而 T 中工件的花费均为 β。

当 $\alpha + \gamma(p_{ik} + s_i) > \beta$,因为对某个工件 (i,j) $(j > k)$ 满足 $\alpha + \gamma p_{ij} \leq \beta$,把它们都放入 E 可能要比都放入 T 费用更少,所以不能简单地根据性质 5 来推断 $(i,k) \notin E$。至于确定工件在 E 中还是在 W 中,也需要类似的讨论来全面衡量。如果 $\gamma < \delta < \gamma + \alpha$,尽管 $\alpha + \gamma(p_{ik} + s_i) \leq \beta$ 及 $\alpha + \gamma p_{ij} \leq \beta$,其中 $j > k$,它们也不一定在 E 中,因为可能会有 $(i,k) \in W$ 及 $\alpha + \gamma(p_{ij} + s_i) > \beta$;所以 (i,j) 可能在 E 中、W 中或者 T 中。既然由于安装任务影响到同组工件的分配,难以确定它们的归属,于是枚举 $(i,1), \cdots, (i,k)$（其中 $1 \leq k \leq n_i; i = 1, 2, \cdots, f$）是否在 W 中,如子算法 3,依赖于集合 W 的构成。

以上 3 个子算法分别依据的是本节最优排序的 3 个特点。综合所有的性质,算法 2 的最优性不证自明。通过简单的时间计算,算法 2 的步骤 2.1 用时 $O(n \log n)$,子算法 3 的时间是 $O(n_1^2) + O(n_2^2) + \cdots + O(n_f^2) \leq O(n^2)$,其他两个子算法用的时间更少。

定理 2　算法 2 在 $O(n^2)$ 时间内得到最优解。

当假设在 e 完工的工件不受惩罚时,即稍微改变 U_{ij} 的定义,问题更容易解决;因为存在 (i,j) 和 (s,t) 使得 $C_{ij} = e$ 及 $C_{st} = d$,于是 $w = C_{st} - C_{ij}$。

7.5　结语

　　本章讨论了有公共交货期窗口的成组分批排序。7.3 节目标函数是最小化提前/延误赋权工件数及交货期窗口的定位费用和;在提出几个最优性质的基础上得到了最优算法,用时为 $O(n^2)$。而在 7.4 节,交货期窗口的位置和大小都是待定的决策变量,与最优排序一起确定。由于安装任务的影响,问题变得比较复杂,尤其是当 $\gamma < \delta < \gamma + \alpha$ 时。经过分析讨论,可以在 $O(n^2)$ 时间内得到最优排序。

第 8 章 差异工件的窗时排序问题

8.1 问题背景及发展现状

批调度问题又可区分为工件具有相同尺寸和工件具有不同尺寸两类问题。在第一类问题中,工件没有大小之分,机器的容量定义为可同时加工工件的个数。例如,相同类型的集成电路生产过程中的预烧操作等。在第二类问题中,每个工件有其特定的容量需求,同一批中工件的总尺寸不能超过批的容量限制,因此,包含在每一批中的工件个数可能不同。例如,不同种类集成电路生产过程中的预烧操作、金属加工业的热处理工序等。从工件尺寸的角度来讲,前者可以称为同类工件的批调度问题,而后者可以称为差异工件的批调度问题。差异工件批调度问题的例子还有很多,如陶瓷烧制、港口货物装卸、汽车货运等,它更贴近实际生产生活中的问题。目前,关于第一类问题已有相当多的文献研究,而在差异工件批调度问题上的研究较少。

批调度问题要远远复杂于经典调度问题,它可以看作是由分批和批的加工两个子问题组成的。分批子问题即是在满足批容量约束的前提下把工件分为多个批次;批加工子问题是在工件分批后,安排这些批在机器上加工,此时可以把一个批看作一个工件,这样,第二个子问题即是经典调度问题。与经典调度不同的是,这里批的加工时间是不确定的,它由第一个子问题的解给出。

而差异工件批调度问题的研究具有重要的理论经济价值。它进一步扩展了经典调度理论,在经典调度的基础上结合了空间约束,提供了新的研究方向。而且,它有着广泛的实际应用背景,例如,在芯片集成制造系统中,生产调度决策的好坏直接决定了半导体芯片工业的效率和对客户需求的响应速度,并且该工业在整个经济发展中扮演了重要角色,而预烧工序通常又是半导体制造企业进行有效生产调度的关键之一。这是因为预烧工序相对于其他工序,它的加工时间特别长,并且它发生在制造过程的末端,几乎没有可能通过后续工序的挖潜来补偿预烧工序的延迟,因此,该工序对按期交货有直接影响。而且相对于其他的制造业来说,半导体制业的设备费用十分昂贵,因此,资源有效使用就显得更为关键。通过对本书的研究可以对工业生产中的瓶颈给予帮助。

一般来说,批调度研究较少考虑工件尺寸差异的情况,即默认所有工件都是单位尺寸,此时机器的容量即为可同时容纳的工件个数。而本章研究的差异工件批调度问题,考虑工件尺寸存在差异的加工特性,即每个工件有其特定的尺寸要求,此时机器内容纳的工件尺寸和不得超过其最大容量限制。此类目标问题的求解,不仅要考虑分批的数目,同时还要考虑每批中的工件数目及批排序的问题。

差异工件批调度问题是经典调度问题的扩展,其研究问题涉及生产运作管理、数学规划、动态规划、算法分析和设计、计算数学、概率论、随机过程等众多学科。

差异工件批调度问题中的工件不仅具有加工时间的约束条件,而且工件有尺寸大小不同的约束条件,它是批调度问题的扩展,因此,比求批调度问题更加困难。与经典调度和批调度问题相比,差异工件批调度问题的相关研究相当少。因此,下面列出与本书相关的一些研究成果。

研究差异工件批调度的文献有 Uzsoy(1994)、Ghazvini(1998)、Zhang(2002)、Melouk(2004)、Damodaran(2006,2008)、Chung(2009)、Xu(2012)、李小林(2014)。然而,以上考虑差异分批的文献大多只研究单处理机或并行机的情形。另外一方面,传统的流水车间调度问题已经得到了国内外学者的广泛研究,比如 Chen(2010)、Damoda-ran(2012)、郑晓龙(2014)、Wang(2014)、郑凡(2015)。

相比于启发式算法,元启发式算法可以获得更精确解,不少学者对元启发式算法的应用进行了研究。Melouk 等(2004)首次应用模拟退火算法求解优化制造跨度批调度问题,设计了一种后来学者广泛使用的仿真算例生成方式,而且仿真实验结果表明模拟退火算法的性能优于 CPLEX。Damodaran 等(2006)提出了遗传算法的应用,从仿真结果可以看出,遗传算法在解的质量上要优于模拟退火算法。Kashan 等(2006)提出了结合分批规则的混合遗传算法(BHGA)。其他一些智能算法的应用研究还包括蚁群算法(王栓狮,2008)、粒子群算法(程八一等,2008)、DNA 进化算法(Xing 等,2008)。

由第 7 章可知,关于经典调度问题和同类工件批调度问题的研究已有了相当丰富的成果,而对更贴近实际应用的差异工件批调度问题的研究较少,而且已有的启发式算法应用到实际问题还没有达到最好的求解效果。如何分析差异工件批调度问题本身的特点(如可行解、最优解的特性),并依据这些特性设计性能更加优越的差异工件单机、多机批调度问题的启发式算法是进一步的研究方向。

8.2　问题描述及特点

差异工件批调度问题是由大规模集成电路生产过程中的预烧操作调度提炼出来的,依据其生产过程可假设:

①有 n 个待加工工件的集合 $J = \{J_1, J_2, \cdots, J_n\}$,工件 $J_i \in J$ 的加工时间为 p_i,工件尺寸为 s_i;

②机器容量为 S;每一批中工件的总尺寸小于等于 S,假设没有尺寸大于机器容量的工件;

③假设一旦一个批开始加工,在该批加工完成之前,不能被中断且不能再添加新的工件;批的加工时间等于批中工件的最大加工时间。

关于工件及交货期窗口等参数记号仍然如第 7 章所述。本章讨论的是提前时间和延误时间的惩罚问题。对工件 $J_i \in J$，定义 $E_i = \max\{0, e - C_i\}$，$T_i = \max\{0, C_i - d\}$。目标函数及约束条件为：

$$\min Z(\sigma) \sum_{i=1}^{n} (E_i + T_i) \tag{1}$$

使得：

$$\sum_{k=1}^{K} x_{ik} = 1, i = 1, 2, \cdots, n \tag{2}$$

$$\sum_{i=1}^{n} s_i x_{ik} \leqslant S, k = 1, 2, \cdots, K \tag{3}$$

$$x_{ik} \in \{0, 1\}, i = 1, \cdots, n; k = 1, \cdots, K \tag{4}$$

$$[\sum_{i=1}^{n} s_i / S] \leqslant K \leqslant n, i = 1, 2, \cdots, n; k = 1, \cdots, K \tag{5}$$

其中，公式（1）为目标函数；公式（2）保证每个工件被放入一批中，表示一个工件必须且只能属于一个批，其中当工件 J_i 被分入批 B_k 中时，变量 $x_{ik} = 1$，否则 $x_{ik} = 0$；公式（3）表明机器容量约束，一批中所有工件尺寸之和应小于等于机器容量；K 为批的总个数，它的取值范围如公式（5）所述。

对独立工件的窗时排序，最小化提前和延误时间问题是 NP – 完备的，因此，对批处理机上差异工件的窗时排序问题更为复杂，也是 NP – 完备的。

经典的批调度问题包含了两个阶段：第一个阶段是在满足机器容量约束的前提下将工件分为多个批次，即分批阶段；第二个阶段是安排批在机器上的加工顺序，即批排序阶段。基于这两个阶段，下面给出本书研究问题最优解的若干性质。以前的性质仍然成立的有以下几个。

①在一个最优排序中，从第一个被加工批至最后一个批的完工之间没有空闲时间。

②存在批 B 使得 $C(B) = e$ 或 $C(B) = d$，除非第一个批在零时刻

开工。

③E 中的批按平均批权非增的顺序（BWLPT）排列，即 $\frac{t_1}{n_1} \geqslant \frac{t_2}{n_2} \geqslant \cdots$；

T 中的批则按非降的顺序（BWSPT），使得 $\frac{t_1'}{n_1'} \leqslant \frac{t_2'}{n_2'} \leqslant \cdots$。其中 $t_i(t_i')$、$n_i(n_i')$ 分别为所在批的加工时间和工件个数。

尽管我们希望 W 包含尽可能多的工件，但是如何确定它呢？何况交货期窗口的确定也需要费用。如果它像以前讨论的那样，它包含具有最小加工时间的工件，但有可能这些工件的尺寸较大，从而数量较少，不能按这种方法得到最优排序。而如果准时集合 W 包含具有最小尺寸的工件，但有可能它们的加工时间较长，因此，工件尺寸也不能成为寻找最优排序的标准。实际上，问题的多项参数都聚焦在时间问题上，我们还是以时间来展开讨论。

每一批都包含有两个参数：加工时间及包含的工件个数。将这二者的比值记为 PRN，假设批 B_k 包含 n_k 个工件，其加工时间为 t_k，于是定义 $PRN(B_k) = \frac{t_k}{n_k}$。

性质 1 对分别位于集合 E 和 W 中的两个批，在满足批容量的前提条件下，不改变两批中工件的个数，如果交换这两个批中的工件使得 W 中批的 PRN 减小而 E 中的不变，则会使得总费用变少。

证明：假设 $B_i \in E$，$B_j \in W$，其中 $t_i \geqslant t_j$。如果 B_i 中存在工件 J_k 满足 $t_i \geqslant t_j > p_k$，则在满足机器容量的前提条件下，将 J_k 与 B_j 中具有最大加工时间的工件交换。则 B_i 的加工时间保持不变，而批 B_j 的加工时间变为 t_j'，且 $t_j' \leqslant t_j$。将 B_j 后面的批都向左移动，把 e 或 w 的值减小 $t_j - t_j'$，则某些提前或延误批变得准时，费用变化 $\Delta Z \leqslant e \cdot (t_j' - t_j) \leqslant 0$ 或者 $\Delta Z \leqslant w \cdot (t_j' - t_j) \leqslant 0$，从而得到更小的总惩罚。因此，结论成立。证毕。

此结果说明了我们需要使得所有批的 PRN 尽量小，否则可以交换工件以优化目标,淡然这些操作不能违背容量限制。对 T 中的批也类似。

容易得出有以下 3 种情况可以降低 PRN。

①在不违背机器容量限制条件下,将工件 J_i 插入批 B_k,且 $p_i \leqslant t_k$,则 $PRN(B'_k) = t_k/(n_k+1) < PRN(B_k) = t_k/n_k$。

②在不违背机器容量限制条件下,将工件 J_i 插入批 B_k,且 $p_i > t_k$,$p_i \times n_k \leqslant t_k \times (n_k+1)$,则 $PRN(B'_k) = p_i/(n_k+1) < PRN(B_k)$。

③将工件 J_i 移除批 B_k,其中 $p_i = t_k$,$t'_k \times n_k \leqslant t_k \times (n_k-1)$,$t'_k$ 表示移除 J_i 后批 B_k 的加工时间,则 $PRN(B'_k) = t'_k/(n_k-1) < PRN(B_k) = p_i/n_k$。

基于 PRN 概念的定义,我们推导出了以下引理用以指导我们对工件进行分批。

引理 1 如果在工件集合 E(或 T)中有两个批,已按照 BWLPT(或 BWSPT)排序,在不改变任何两批中的工件数量和不违背机器容量约束下,两批之间工件的交换使一个批的 PRN 减小而另一批的 PRN 保持不变将会进一步优化目标函数。

证明:图 8.1 给出了一个包含 r 个批并且 E 中的批已按照 BWLPT 排序的可行调度方案。对于 E 中的批,可知 $t_1/n_1 \geqslant t_2/n_2 \geqslant \cdots$,其中 n_1,n_2,$\cdots$ 分别表示各自批中工件的数量。

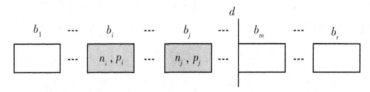

图 8.1 包含 r 个批并且 E 中的批已按照 BWLPT 排序

不失一般性,我们选择批 B_i 和批 B_j 并且有 $t_i \geqslant t_j$。假设批 B_i 中存在一个工件 J_z 且 $t_i \geqslant t_j > p_z$,那么交换工件 J_z 和批 B_j 中最大加工时间的工件,则批 B_i 的加工时间保持不变,批 B_j 的加工时间变成 t'_j,$t'_j < t_j$。重新根据 BWLPT 规则排序 E 中的批会出现以下两种不同的情况。

①$t_{j-1}/n_{j-1} \geq t_j'/n_j \geq t_{j+1}/n_{j+1}$,即批 B_j 仍然排在批 B_{j-1} 和批 B_{j+1} 之间,原有的批顺序保持不变,则有:

$$\Delta Z = (n_1 + n_2 + \cdots + n_{j-1})(t_j' - t_j) < 0$$

②$t_{j+1}/n_{j+1} \geq \cdots \geq t_{k-1}/n_{k-1} \geq t_j'/n_j \geq t_k/n_k, k = j+1, j+2, \cdots, m-1$,重新排列批的顺序如图 8.2 所示。

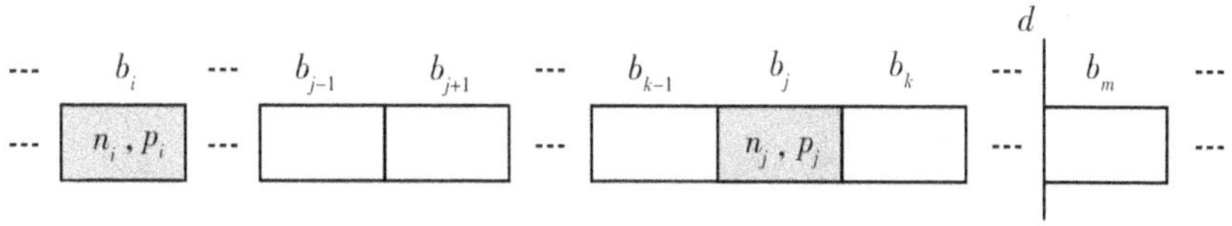

图 8.2 调整了批 B_i 和批 B_j 后重新排列批的情况

$$\begin{aligned} \Delta Z &= (n_1 + n_2 + \cdots + n_{j-1})(t_j' - t_j) + (n_{j+1} + n_{j+2} + \cdots + n_{k-1})t_j' \\ &\quad - n_j(t_{j+1} + t_{j+2} + \cdots + t_{k-1}) \\ &= (n_1 + n_2 + \cdots + n_{j-1})(t_j' - t_j) + (n_{j+1}t_j' - n_j t_{j+1}) \\ &\quad + (n_{j+2}t_j' - n_j t_{j+2}) + \cdots + (n_{k-1}t_j' - n_j t_{k-1}) \end{aligned}$$

因为 $t_{j+1}/n_{j+1} \geq \cdots \geq t_{k-1}/n_{k-1} \geq t_j'/n_j \geq t_k/n_k, k = j+1, j+2, \cdots, m-1$,则 $\Delta Z < 0$。

由此可见,对于重新排序的两种情况,我们都得到了 $\Delta Z < 0$,即工件的交换可以使目标值进一步减小,证毕。

引理 1 表明我们应该尽可能地使每个批的 PRN 变得最小以优化得到更小的 E/T 目标值,除了所有的工件可以被分成一批且完工时间正好在交货期 e、d 的情况。

引理 2 对于任一可行的调度方案,批 B_k 是集合 T 中的第一个批且 T 中的批已按照 BWSPT 排序。批 B_k 可以被分成批 B_i 包含 n_i 个工件且加工时间为 t_i 和批 B_j 包含 n_j 个工件且加工时间为 $t_j, t_i \geq t_j$。如果 $PRN(B_j) \geq PRN(B_k)$,则重新给批排序后的调度方案会增加目标函数。

证明:图 8.3 给出了一个包含 r 个批并且 T 中的批已按照 BWSPT 排序的可行调度方案。批 B_k 是 T 中的第一个批,可以被分成两个批:批

B_i 和批 B_j。批 B_k、批 B_i 和批 B_j 的加工时间分别为 t_k、t_i 和 t_j 且有 $t_k = t_i \geqslant t_j$。

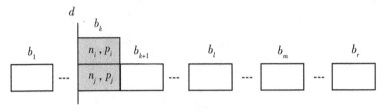

图 8.3 包含 r 个批并且 T 中的批已按照 BWSPT 排序

因为 $PRN(B_j) \geqslant PRN(B_k)$，重新根据 BWSPT 规则排序 T 中的批会出现以下两种不同的情况。

（1）如果 $PRN(B_j) \geqslant PRN(B_i) \geqslant PRN(B_k)$

如图 8.4 所示，批 B_i 在批 B_m 和批 B_{m+1} 之间加工（m 是整数，$k+1 \leqslant m \leqslant r$）；同时，批 B_j 在批 B_q 和批 B_{q+1} 之间加工（q 是整数，$m+1 \leqslant q \leqslant r$）。$n_0$ 表示批 B_{q+1} 到最后一批所有工件的数量总和。

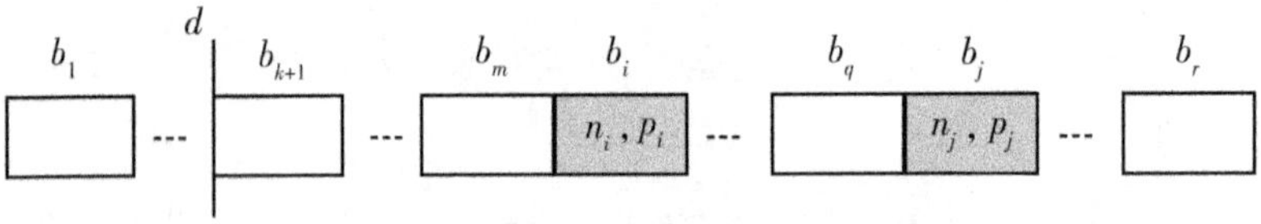

b_1 $\quad$ d $\quad$ b_{k+1} $\quad$ b_m $\quad$ b_i $\quad$ b_q $\quad$ b_j $\quad$ b_r

图 8.4 分解批 B_k 后重新排列批序列

$$\Delta Z = n_0 t_j + n_i(t_{k+1} + t_{k+2} + \cdots + t_m) + n_j(t_{k+1} + t_{k+2} + \cdots + t_m + \cdots + t_q + t_j) - (n_{k+1} + n_{k+2} + \cdots + n_m)t_i$$
$$= n_0 t_j + (n_i + n_j)(t_{k+1} + t_{k+2} + \cdots + t_m) - (n_{k+1} + n_{k+2} + \cdots + n_m)t_i + n_j(t_{m+1} + \cdots + t_q + t_j)$$

因为 T 中对批应用 BWSPT 规则进行排序，所以，可得：

$$t_i/(n_i + n_j) \leqslant t_{k+1}/n_{k+1} \leqslant t_m/n_m,$$

则 $t_{k+1}(n_i + n_j) \geqslant n_{k+1}t_i, t_{k+2}(n_i + n_j) \geqslant n_{k+2}t_i, \cdots, t_m(n_i + n_j) \geqslant n_m t_i$。

因此，容易得到 $\Delta Z > 0$。

（2）如果 $PRN(B_i) \geqslant PRN(B_j) \geqslant PRN(B_k)$

批 B_j 在批 B_{l-1} 和批 B_l 之间加工（l 是整数，$k+1 \leqslant l \leqslant r$）；同时，批 B_i 在批 B_m 和批 B_{m+1} 之间加工（m 是整数，$l \leqslant m \leqslant r$）。$m_0$ 表示批 B_{m+1}

到最后一批所有工件的数量总和。

$$\Delta Z = m_0 t_j + n_i(t_j + t_{k+1} + \cdots + t_m) + n_j(t_j + t_{k+1} + \cdots + t_{l-1} - t_i) -$$
$$(n_{k+1} + n_{k+2} + \cdots + n_{l-1})t_i - (t_i - t_j)(n_l + n_{l+1} + \cdots + n_m)$$
$$= m_0 t_j + (n_i + n_j)(t_{k+1} + t_{k+2} + \cdots + t_{l-1}) - (n_{k+1} + n_{k+2} + \cdots$$
$$+ n_{l-1})t_i + n_j(t_j + t_l + \cdots + t_m) - (t_i - t_j)(n_j + n_l + n_{l+1} + \cdots$$
$$+ n_m)$$

因为 $t_i/(n_i + n_j) \le t_{k+1}/n_{k+1} \le \cdots \le t_{l-1}/n_{l-1}$，则 $(n_i + n_j)(t_{k+1} + t_{k+2} + \cdots + t_{l-1}) - (n_{k+1} + n_{k+2} + \cdots + n_{l-1})t_i \ge 0$

又因为 $t_j/n_j \ge t_i/(n_i + n_j)$，则

$$t_i n_j \le t_j(n_i + n_j), t_i n_j - t_j(n_i + n_j) \le 0,$$
$$(t_i - t_j)/n_i - t_j/n_j = (t_i n_j - t_j(n_i + n_j))/(n_i n_j) \le 0$$

所以 $(t_i - t_j)/n_i \le t_j/n_j \le t_l/n_l \le \cdots \le t_m/n_m$

因此，可得 $n_j(t_j + t_l + \cdots + t_m) - (t_i - t_j)(n_j + n_l + n_{l+1} + \cdots + n_m) \ge 0$。综合得出 $\Delta Z > 0$，得证。

综上所述，在两种不同的批排序情况下，我们都得到了一个更大的目标函数值。当批 B_k 是 E 中最后一个批且按照 BWLPT 规则批排序时，类似我们可以证明以下引理。

引理 3 如果存在批 B_i 和批 B_j, $t_i \ge t_j$, $PRN(B_j) \ge PRN(B_k)$，那么合并这两个批之后没有超出机器容量，则合并之后将会降低目标函数（这两个批合并后的 PRN 都变小了）。

8.3 启发式算法求解

启发式算法（Heuristic Algorithm）是凭直观和经验给出的算法，它不考虑所得解与最优解的偏离程度。其描述性定义如下。

定义 1 启发式算法是基于直观或经验构造的算法，在可接受的花费（时间、空间）下，给出待解组合优化问题的每个实例的一个可行解，该可行解与最优解偏差事先不一定可以预计。

定义 2 启发式算法是一种技术,在可接受的计算费用内寻找最好解,但不保证该解的可行性与最优性,无法描述该解与最优解的近似程度。

启发式算法的优点:①有可能比简化数学模型解的误差小;②对有些难题,计算时间可接受;③可用于某些最优化算法(如分支定界算法)之中的估界;④直观易行;⑤速度较快;⑥程序简单,易修改。

启发式算法的不足:①不能保证求得全局最优解;②解的精度不稳定,有时好有时坏;③算法设计与问题、设计者经验、技术有关,缺乏规律性;④不同算法之间难以比较。

启发式算法的分类:①一步算法:如对差异工件单机批调度问题,令每个工件单独为一批,则得到此问题的一个可行解。②改进算法(迭代算法):如差异工件单机批调度问题的 LPTFF 算法。③数学规划算法:如动态规划、分枝定界等算法。④解空间松弛法:如拉格朗日松弛、半定松弛等方法。⑤现代优化算法:即 20 世纪 80 年代初兴起的一类算法,如禁忌搜索(Tabu Search)、模拟退火(Simulated Annealing)、遗传算法(Genetic Algorithms)、神经网络(Neural Networks)、蚂蚁算法(Ant Algorithm)、群体智能(Swarm Intelligence)等。⑥其他算法:多种启发式算法的集成,如遗传算法加模拟退火的混合算法等。

下面介绍几种经典调度规则算法。

8.3.1 算法 LPTFF(Longest Processing Time-First Fit)

步骤 1:按工件加工时间非增序排列工件。

步骤 2:选择列表中的第一个工件,把它放入有足够剩余空间容纳该工件的编号最小的批中。如果这样的批不存在,则为此工件创建一个新批。重复此过程,直至所有工件都加入到了批中。

步骤 3:以任意顺序在机器上加工批。

该算法从工件的角度考虑,一方面使工件分成的批数尽可能少,另一方面又使工时较长的工件尽可能的分在一批中,直观上应该有较好的性能指标。

相对于 LPTFF 算法,有如下的 LPTLF 算法。

8.3.2　算法 LPTLF(Longest Processing Time-Last Fit)

步骤1:按工件加工时间非增序排列工件。

步骤2:选择列表中的第一个工件,把它放入有足够剩余空间容纳该工件的编号最大的批中。如果这样的批不存在,则为此工件创建一个新批。重复此过程,直至所有工件都加入到了批中。

步骤3:以任意顺序在机器上加工批。

该算法从工件的角度考虑,一方面使工件分成的批数尽可能少,另一方面试图使加工时间接近的工件尽可能的分在一批中。

8.3.3　算法 LPTBF(Longest Processing Time-Best Fit)

步骤1:按工件加工时间非增序排列工件。

步骤2:选择列表中的第一个工件,把它放入有足够剩余空间容纳该工件且此剩余空间最小的批中(如果这样的批有多个,则放入产生最早的那个批中)。如果这样的批不存在,则为此工件创建一个新批。重复此过程,直至所有工件都加入到了批中。

步骤3:以任意顺序在机器上加工批。

该算法从工件的角度考虑,单从批的利用率方面来对工件安排批次,试图最小化批数及最小化批总剩余空间。易见,LPTBF 求得的解的平均批利用率大于等于由 LPTFF 求得的解的平均批利用率。

8.3.4　算法 LPTLB(Longest Processing Time-Last Batch)

步骤1:按工件加工时间非增序排列工件。

步骤2:选择列表中的第一个工件,将其放入最后一个批中。若放不下,则为此工件创建一个新批。重复此过程,直至所有工件都加入到了批中。

步骤3:以任意顺序在机器上加工批。

该算法从工件的角度考虑,保证了各个批中的工件按加工时间是不跳跃的、连续的,试图使得批的均衡率尽可能大。

8.3.5 算法 SKP（Successive Knapsack Problem）

步骤1：按工件加工时间非增序排列工件。

步骤2：选择列表中的第一个工件建立新批，不妨设此工件为 J_k，易知，p_k 是当前未调度工件中加工时间的最大值。此时，此新建批可以看成是一个 $p_k \times B$ 的矩阵，未调度的工件可以看成是 $p_i \times s_i$ 的矩阵块，为了求当前批中的其他工件，需要求解一个 $0 \sim 1$ 背包问题。

步骤3：以任意顺序在机器上加工批。

此算法从批的角度考虑，试图在生成批时，同时考虑工件的加工时间和工件尺寸，虽然如此，但它把工件的加工时间和工件的尺寸放在了同样的约束地位，这样可能造成最小加工时间的工件和最大加工时间的工件同一批，致使批的负载均衡率较大。

8.3.6 其他

记算法 FF（First-Fit）为：选择列表中的第一个工件，把它放入有足够剩余空间容纳该工件的编号最小的批中。如果这样的批不存在，则为此工件创建一个新批。重复此过程，直至所有工件都加入到了批中。

（1）算法 DECR-FF（Decreasing Size-First Fit）

步骤1：按工件尺寸非增序排列工件。

步骤2：运用 FF 算法。

步骤3：以任意顺序在机器上加工批。

（2）算法 SPT-FF（Shortest Processing Time-FF）

步骤1：按工件加工时间非减序排列工件。

步骤2：运用 FF 算法。

步骤3：以任意顺序在机器上加工批。

（3）算法 PIAI-FF

步骤1：按 p_i/s_i 非减序排列工件。

步骤2：运用 FF 算法。

步骤3：以任意顺序在机器上加工批。

（4）算法 LP/S-FF（Longest Processing Time/Size ratio-FF）

步骤 1：按 p_i/s_i 非增序排列工件。

步骤 2：运用 FF 算法。

步骤 3：以任意顺序在机器上加工批。

根据计算复杂性理论，除非 P 问题，NP – 难问题不可能有求其最优解的多项式算法；强 NP – 难问题甚至不存在求其最优解的拟多项式算法。因此，解决 NP – 难问题最常见的有以上两种途径。一是对给定的具体的 NP – 难问题，利用动态规划、分枝定界等技术，设计各种精确算法，求其精确最优解。这种方法只能求解问题规模相对较小的实例问题，对规模较大的问题，由于这些精确算法本身不是多项式时间的，所以随着问题规模的增大，算法的计算复杂性呈指数增长，因此，求解不可行。二是降低原来的目标，不去寻找求此问题的多项式时间的精确算法，而去考虑问题的各种特定情形下的多项式算法，进而寻找在大多数情况下能快速求解的启发式算法。根据启发式算法的定义可知，由启发式算法给出的解只是问题的一个可行解，但它与最优解的偏差并不知道，这种求解方法在实际上是有效的。

实际上，我们的问题是带差异工件尺寸的最小化总完工时间的推广，因而也是 NP – 难问题。

以上推导提出了最优解的若干性质，我们可以看出工件集合 E 和 T 是两个相对独立的集合，具有不同的批排序规则。所以，应该先把工件分配到提前集合 E、准时集合 W、延误集合 T 中组成若干相应的批，当工件分好批后，分别按照 BWLPT 和 BWSPT 原则处理 E 和 T 即可，因此，问题的关键还是在于将工件分批上。先给出下面两种简单方法。

方法 1：首先将工件按照加工尺寸非递减排序，然后按照 FF（First-Fit）规则将工件分批；对形成的分批，按照批中工件数量从大到小进行排序。先把形成的批放入交货期窗口中，待溢出时把其他批按顺序放入提前集合,并按照 BWLPT 重新排序。最后,则对所有剩余的批按照 BWLPT 排序。

方法2: 首先将工件按照加工时间非递减排序,然后按照 FF(First-Fit)规则将工件分批;对形成的分批,按照批加工时间从小到大排列。下面的操作同方法 1。

显然这两种方法简便易操作,但是没有充分考虑到问题中给出的参数关系,性能分析会比较差。要想设计出更有效的方法,充分考虑 8.2 节中提到的最优解性质,以 *PRN* 作为启发式信息进行分批,使每个批的 *PRN* 尽可能地小。将加工时间最小的那些批放入准时集合中。利用动态规划处理 *E* 和 *T* 中的批,只是加工时间按照 $n_j T_j$ 执行。

算法 1

步骤 1.1　把工件按照 SPT 序排列并重新标记为 $J_1, J_2, \cdots, J_n$。

步骤 1.2　令 $i=1, j=1, K=1$。将 J_1 放入批 B_1。

步骤 1.3　剩余工件集合记为 $J' = \{J_{i+1}, \cdots, J_n\}, B = \{B_1, \cdots, B_K\}$ 为当前的批序列,计算它们的 *PRN*。

步骤 1.4　令 $i: = i+1$。将 J_i 放入满足下列条件的批 B_j 中:

$$\min\left\{ j \,\middle|\, \frac{p_i}{n_j+1} \leqslant \frac{t_j}{n_j}, s_i + \sum_{u \in B_j} s_u \leqslant S, B_j \in B \right\}$$

如果这样的批不存在,则放入一个新的批 B_{K+1} 中,令 $K: = K+1$。

步骤 1.5　如果 $J' \neq \varnothing$,返回步骤 1.3。否则,停止。

在该算法中,把一个工件加入批需要满足两个条件:①批中的剩余尺寸足以能容纳该工件,②放入后能使该批的 *PRN* 变小。该算法利用的启发式信息较为充分,简单可行,所用的时间为 $O(n^2)$。

下面将分好的批放入 3 个集合可以用以前的算法,将批看成工件,但加工时间按照 $n_j T_j$ 执行。这里不再赘述。

8.4　结语

　　本章讲述了一类复杂批调度即工件具有不同尺寸的批处理问题,目标函数是最小化由于提前和延误带来的总惩罚费用。但该问题是强 NP - 完备的,研究加工时间、尺寸等参数对费用的影响及最优调度所具有的结构特点,并提出了一个启发式算法,充分利用了参数信息并简便易行。

第9章　总结与展望

在激烈的市场竞争中,为了保证生产的高效稳定运行,以获得最大的经济效益,原来简单的、局部的、常规的控制和仅凭经验的管理已经不能满足现代生产的要求了。企业管理者和控制工程师们面临的问题是:如何根据市场上原料供应和产品需求的变化进行经营决策和组织生产;如何在生产计划改变的情况下对生产过程进行控制,以便最大限度地发挥生产的柔性;如何在生产工艺不作大的改变的前提下进行管理、决策,使企业产生最大的综合经济效益。

客户满意度指标是非常重要的,通常包括最短延迟、最小提前或者拖后惩罚等。例如,最大延迟时间、最大拖期时间、最大提前时间、总体加权延迟时间、总体加权提前时间、加权延期工件数等。窗时排序问题不仅需要关心工件的完工不能出现延迟,还要考虑工件的完工不能早于交货期,即要求尽可能多的工件在交货期区间完工。

9.1　总结

本书探讨工件享有公共交货期窗口的窗时排序问题,结合几个常见的生产环境讨论其最优排序的结构特点及有效算法,以最小化由于提前和延误带来的损失。主要研究成果总结如下。

①就交货期窗口的位置和大小是给定还是待定的几种情况进行了讨论,针对目标函数是关于提前、延误的工件个数或者时间,以及它们的综合目标函数来展开研究,并提出了有效算法。

②讨论了工件有公共交货期窗口的同时加工排序问题,工件的尺寸大小相同,在交货期窗口给定或其位置待定情况下,以最小化总

的提前和延误惩罚;并且如果交货期窗口有待定参数时,总费用包含该决策费用。针对两种目标函数分别研究;尤其当批的容量有限时,乃是经典排序的推广。在寻找它们的最优算法时,"位置权"已不再有效。

在以前关于同时加工排序问题的研究中,只有几篇文献涉及交货期的存在性,以最小化总延误或最大延误。本书把窗时排序推广到了多个工件可以被同时加工的情况,目标是要把工件分成多个批、再排列批的次序使得总费用最小。在提出最优性质和参数分析的基础上,给出了批容量无界时的一些有效算法。研究有界的同时加工排序问题。当提前和延误惩罚系数是任意整数且窗口位置待定时,把 3 - 划分的一个实例转化到该问题,从而证明了它是强 NP - 完备的。进而提出几个最优性质,但最优排序已不再满足 SPT - 批序,问题就更加难于研究。

③现实生产中经常出现以下情形:具有相似特征的一些工件需要相同的生产场景和设备,所有工件被分成多个组,于是从加工一个组的工件转化到加工另一个组的工件时需要执行安装任务。正是由于安装任务的介入使得问题更加困难。讨论当交货期窗口给定时以最小化赋权提前时间和延误时间总和的问题,问题的复杂性未知。本书探讨了最小化提前和延误的工件个数,其中交货期窗口的位置待定或者位置和大小均待定。

④批调度问题每个工件有其特定的尺寸大小,即差异工件,同一批中工件的总尺寸不能超过批的容量限制,因此,包含在每一批中的工件个数可能不同。研究加工时间、尺寸等参数对费用的影响及最优调度所具有的结构特点,并提出了启发式算法,充分利用了参数信息并简便易行。

9.2　展望

由于时间和条件的限制,本书的研究工作还有待进一步提高,综合分析前期的研究成果和存在的问题,在今后的研究中将对以下问题展开深入探讨。

①对于更复杂的生产环境,如流水线作业等,这是实用又常见的,关于它的正则目标函数研究难度大、结果少,在准时排序及窗时排序情形下的研究结果甚少。今后争取在这方面有所突破,为实际生产环境提供更有力的理论依据。

②多种目标函数的综合考虑,参数设计更贴近实际。虽然在第3章研究了多目标函数的窗时排序问题,但还没有推广到同时加工排序和平行机等生产环境下。各费用系数的设置也是在综合费用中非常重要的问题。

③差异工件的相关问题难于研究,借助启发式算法执行,多用人工智能的方法进行,但其近似度不稳定。追求其近似度高的有效算法也是非常有必要的。

④多与实际生产企业相结合,进行产学研一体化,将会大大提高本书研究的实用性和社会价值,提高企业的生产效率,获取更大的经济利益。

参考文献

[1] Jackson J R. Scheduling a production line to minimize maximum tardiness. State of California: University of California, Los Angeles, 1955.

[2] Bagchi U, Chang Y L, Sullivan R S. Minimizing absolute and squared deviations of completion times with different earliness and tardiness penalties and a common due date. Naval Research Logistics, 1987, 34: 739 – 751.

[3] Baker K R, Scudder G D. Sequencing with earliness and tardiness penalties: A review. Operations Research, 1990, 38: 22 – 36.

[4] Koulamas C. The total tardiness problem: Review and extensions. Operations Research, 1994, 42: 1025 – 1041.

[5] Hoogeveen J A, Velde S L. Earliness-tardiness scheduling around almost equal due date. INFORMS Journal on Computing, 1997, 9: 92 – 99.

[6] Chen B, Potts C N, Woeginger G J. A review of machine scheduling: Complexity, algorithms and approximation. Handbook of Combinatorical Optimization, Kluwer, Dordrecht, 1998: 21 – 169.

[7] Gordon V, Proth J M, Chu C. A survey of the state-of-the-art of common due date assignment and scheduling research. European Journal of Operational Research, 2002, 139: 1 – 25.

[8] Raghavachari M. A V-shape property of optimal schedule of jobs about a common due date. European Journal of Operational Research, 1986, 23: 401 – 402.

[9] Panwalkar S S, Smith M L, Seidmann A. Common due date assignment to minimize total penalty for the one machine scheduling problem. Operations Research, 1982, 30: 391 – 399.

[10] Seidmann A, Panwalkar S S, Smith M L. Optimal assignment of due-dates for a single processor scheduling problem. International Journal of Production Research, 1981, 19: 393 – 399.

[11] Cheng T C E. Common due date assignment and scheduling for a single processor to minimize the number of tardy jobs. Engineering Optimization, 1990, 16: 129 – 136.

[12] Chen Z L. Scheduling and common due date assignment with earliness-tardiness penalties and batch delivery costs. European Journal of Operational Research, 1996, 93: 49 – 60.

[13] Jang W, Klein C M. Minimizingthe expected number of tardy jobs when processingtimes are normally distributed. Operations Research Letters, 2002, 30: 100 – 106.

[14] Cheng T C E, Oguz C, Qi X D. Due date assignment and single machine scheduling with compressible processing time. International Journal of Production Economics, 1996, 43: 29 – 35.

[15] Biskup D, Jahnke H. Common due date assignment for scheduling on a single machine with jointly reducible processing times. International Journal of Production Economics, 2001, 69: 317 – 322.

[16] Shabtay D, Steiner G. A survey of scheduling with controllable processing times. Discrete Applied Mathematics, 2007, 155: 1643 – 1666.

[17] Hall N G, Posner M E. Earliness-tardiness scheduling problems, I: Weighted deviation of completion times about a common due date. Operations Research, 1991, 39: 836 – 846.

[18] Jurisch B, Kubiak W, Jozefowska J. Algorithms for minclique scheduling problems. Discrete Applied Mathematcis, 1997, 72: 115 – 139.

[19] James R J W. Using tabu search to solve the common due date early/ tardy machine scheduling problem. Computers and Operations Research, 1997, 24: 199 − 208.

[20] Lee C Y, Danusaputro S L, Lin C S. Minimizing weighted number of tardy jobs and weighted earliness-tardiness penalties about a common due date. Computers and Operations Research, 1991, 18: 379 − 389.

[21] Biskup D, Cheng T C E. Single machine scheduling with controllable processing times and earliness, tardiness and completion time penalties. Engineering Optimization, 1999, 31: 329 − 336.

[22] Chen D, Li S, Tang G. Single machine scheduling with common due date assignment in a group technology environment. Mathematical and Computer Modeling, 1997, 25: 81 − 90.

[23] Baker K R, Magazine M J. Minimizing maximum lateness with job families. European Journal of Operational Research, 2000, 127: 126 − 139.

[24] Cheng T C E, Ng C T, Yuan J J. The single machine batching problem with family setup times to minimize maximum lateness is strongly NP-hard. Journal of Scheduling, 2003, 6: 483 − 490.

[25] Cheng T C E, Ng C T, Yuan J J. A strongly complexity result for the single machine multi-operation jobs scheduling problem to minimize the number of tardy jobs. Journal of Scheduling, 2003, 6: 551 − 555.

[26] Crauwels H A J, Potts C N, Oudheusden D V, et al. Branch and bound algorithms for single machine scheduling with batching to minimize the number of late jobs. Journal of Scheduling, 2005, 8: 161 − 177.

[27] Nowicki E, Zdrzalka S. A survey of results for sequencing problems with controllable processing times. Discrete Applied Mathematics, 1990, 26: 271 − 287.

[28] Panwalkar S S, Rajagopalan R. Single machine sequencing with controllable processing times. European Journal of Operational Research, 1992, 59: 298 –302.

[29] Biskup D, Feldmann M. Benchmarks for scheduling on a single-machine against restrictive and unrestrictive common due dates. Computers and Operations Research, 2001, 28: 787 –801.

[30] Papadimitriou C H, Steiglitz K. Combinatorial Optimization: Algorithms and Complexity. New Jersey: Prentice-Hall, 1982.

[31] Papadimitriou C H, Yannakakis M. Optimization, approximation and complexity classes. Journal of Computer and System Sciences, 1991, 43: 425 –440.

[32] Papadimitriou C H. Computational Complexity. MA: Addison-Wesley, 1994.

[33] Li S, Ng C T, Yuan J. Scheduling deteriorating jobs with CON/SLK due date assignment on a single machine. International Journal of Production Economics, 2011, 131: 747 –751.

[34] Gordon V S, Strusevich V A. Single machine scheduling and due date assignment with positionally dependent processing times. European Journal of Operational Research, 2009, 198: 57 –62.

[35] Koulamas C. A faster algorithm for a due date assignment problem with tardy jobs. Operations Research Letters, 2010, 38: 127 –128.

[36] Gordon V, Strusevich V, Dolgui A. Scheduling with due date assignment under special conditions on job processing. Journal of Scheduling, 2012, 155: 447 –456.

[37] Yin Y Q, Liu M. Four single-machine scheduling problems involving due date determination decisions. Information Sciences, 2013, 251: 164 –181.

[38] Aissi H, Aloulou M A, Kovalyov M Y. Minimizing the number of late

jobs on a single machine under due date uncertainty. Journal of Scheduling, 2011, 14: 351 – 360.

[39] Hsu C J, Yang S J, Yang D L. Two due date assignment problems with position-dependent processing time on a single-machine. Computers Industrial Engineering, 2011, 60: 796 – 800.

[40] Yang S J, Hsu C J, Yang D L. Single-Machine Scheduling with Due-Date Assignment and Aging Effect under a Deteriorating Maintenance Activity Consideration. International Journal of information and Management Sciences, 2010, 21: 177 – 195.

[41] Lu Y Y, Li G, Wu Y B, et al. Optimal due-date assignment problem with learning effect and resource-dependent processing times. Optimization Letters, 2014, 8: 113 – 127.

[42] Wang J B, Wang M Z. Single machine multiple common due dates scheduling with learning effects. Computers&Mathematics with Applications, 2010, 60: 2998 – 3002.

[43] Sundararaghavan P S, Ahmed M U. Minimizing the sum of absolute lateness in single machine and multi-machine scheduling. Naval Research Logistics, 1984, 31: 325 – 333.

[44] Hall N G. Single and multiple-processor models for minimizing completion time variance. Naval Research Logistics, 1986, 33: 49 – 54.

[45] Webster S T. The complexity of scheduling job families about a common due date. Operations Research Letters, 1997, 20: 65 – 74.

[46] Emmons H. Scheduling to a common due date on parallel uniform processors. Naval Research Logistics, 1987, 34: 803 – 810.

[47] Alidaee B, Ahmadian A. Two parallel machine sequencing problems involving controllable job processing times. European Journal of Operational Research, 1993, 70: 335 – 341.

[48] Kubiak W, Lou S, Sethi R. Equivalence of mean flow time problems

and mean absolute deviation problems. Operations Research Letters, 1990, 9: 371 – 374.

[49] Alidaee B, Panwalkar S S. Single stage minimum absolute lateness problem with a common due date on non-identical machines. Journal of the Operations Research Society, 1993, 44: 29 – 36.

[50] Cheng T C E. A heuristic for common due-date assignment and job scheduling on parallel machines. Journal of the Operational Research Society, 1989, 40: 1129 – 1135.

[51] Cheng T C E, Chen Z L. Parallel machine scheduling problems with earliness and tardiness penalties. Journal of the Operations Research Society, 1994, 45: 685 – 695.

[52] Cheng T C E, Chen Z L, Li C L. Parallel-machine scheduling with controllable processing times. IIE Transactions, 1996, 28: 177 – 180.

[53] Adamopoulos G I, Pappis C P. Scheduling under a common due date on parallel unrelated machines. European Journal of Operational Research, 1998, 105: 494 – 501.

[54] Biskup D, Cheng T C E. Multiple machine scheduling with earliness, tardiness and completion time penalties. Computers and Operations Research, 1999, 26: 45 – 37.

[55] Sung C S, Kim Y H. Minimizing due date related performance measures on two batch processing machines. European Journal of Operational Research, 2003, 147: 644 – 656.

[56] Cheng T C E, Kang L Y, Ng C T. Due-date assignment and parallel machine scheduling with deteriorating jobs. Journal of the Operational Research Society, 2007, 58: 1103 – 1108.

[57] Shabtay D, Steiner G. Optimal due date assignment in multi-machine scheduling environments. Journal of Scheduling, 2008, 11: 217 – 228.

[58] Yang S J, Lee H T, Guo J Y. Multiple common due dates assignment

and scheduling problems with resource allocation and general position-dependent deterioration effect. The International Journal of Advanced Manufacturing Technology, 2013, 67: 181 – 188.

[59] Anger F D, Lee C Y, Martin-Vega L A. Single machine scheduling with tight windows. Florida: University of Florida, 1986.

[60] Cheng T C E. Optimal common due-date with limited completion time deviation. Computers and Operations Research, 1988, 15: 91 – 96.

[61] Lee C Y. Earliness tardiness scheduling problems with constant size of due date window. Florida: University of Florida, 1991.

[62] Arora S, Lund C, Motwani R, et al. Proof verification and intractability of approximation problems. Journal of the Acm, 1994, 45: 501 – 555.

[63] Kramer F J, Lee C Y. Common due window scheduling. Production and Operations Management, 1993, 2: 262 – 275.

[64] Liman S D, Ramswamy S. Earliness-tardiness scheduling problems with a common delivery window. Operations Research Letters, 1994, 15: 195 – 203.

[65] Weng M X, Ventura J A. A note on common due window scheduling. Production and Operations Management, 1995, 5: 194 – 200.

[66] Liman S D, Panwalkar S S, Thong S. Determination of common due window location in a single machine scheduling problem. European Journal of Operational Research, 1996, 93: 68 – 74.

[67] Thongmee S, Liman S D. Common due window size determination in a single machine scheduling problem. ORSA Journal on computing, 1995, 68: 145 – 151.

[68] Ventura J A, Weng M X. Single machine scheduling with a common delivery window. Journal of the Operations Research Society, 1996, 47: 424 – 434.

[69] Liman S D, Panwalkar S S, Thong S. A single machine scheduling

problem with common due window and controllable processing times. Annals of Operations Research, 1997, 70: 145 – 154.

[70] Liman S D, Panwalkar S S, Thong S. Common due window size and location determination in a single machine scheduling. Journal of the Operational Research Society, 1998, 49: 1007 – 1010.

[71] Biskup D, Feldmann M. On scheduling around large restrictive common due windows. European Journal of Operational Research, 2005, 162: 740 – 761.

[72] Lann A, Mosheiov G. Single machine scheduling to minimize the number of early and tardy jobs. Computers and Operations Research, 1996, 23: 769 – 781.

[73] Lee I S. Single machine scheduling with controllable processing times: A parametric study. International Journal of Production Economics, 1991, 22: 105 – 110.

[74] Yeung W K, Oguz C, Cheng T C. Minimizing weighted number of early and tardy jobs with a common due window involving location penalty. Annals of Operational Research, 2001, 108: 33 – 54.

[75] Yeung W K, Oguz C, Cheng T C. Single-machine scheduling with a common due window. Computers and Operations Research, 2001, 28: 157 – 175.

[76] Suriyaarachchi R H, Wirth A. Scheduling multiple tasks on a single processor with a common due window and family setups. Technical Report, 2003.

[77] Yang S J, Yang D L, Cheng T C E. Single-machine due window assignment and scheduling with job-dependent aging effects and deteriorating maintenance. Computers and Operations Research, 2010, 37: 1510 – 1514.

[78] Yin Y Q, Cheng T C E, Wang J Y, et al. Single machine common

due window assignment and scheduling to minimize the total cost. Discrete Optimization, 2013, 10: 42 – 53.

[79] Janiak A, Winczaszek M. A single processor scheduling problem with a common due window assignment. Operations Research Proceedings, 2004, 20: 213 – 220.

[80] Yin Y Q, Cheng T C E, Hsu C J, et al. Single-machine batch delivery scheduling with an assignable common due window. Omega, 2013, 41: 216 – 225.

[81] Janiak A, Janiak W, Kovalyov M Y, et al. Parallel machine scheduling and common due window assignment with job independent earliness and tardiness costs. Information Sciences, 2013, 224: 109 – 117.

[82] Mosheiov G, Sarig A. Scheduling with a common due-window: Polynomially solvable cases. Information Sciences, 2010, 180: 1492 – 1505.

[83] Mor B, Mosheiv G. Scheduling a maintenance activity and due-window assignment based on common flow allowance. International Journal of Production Economics, 2012, 135: 222 – 230.

[84] Meng J T, Yu J, Lu X X. Scheduling deteriorating jobs with a common due window on a single machine. Information Technology Journal, 2012, 3: 392 – 395.

[85] Cheng T C E, Yang S J, Yang D L. Common due-window assignment and scheduling of linear time-dependent deteriorating jobs and a deteriorating maintenance activity. International Journal Production Economics, 2010, 135: 154 – 161.

[86] Mosheiov G, Sarig A. Scheduling a maintenance activity and due-window assignment on a single machine. Computers & Operations Research, 2009, 36: 2541 – 2545.

[87] Kramer F J, Lee C Y. Due window scheduling for parallel machines. Mathematical and Computer Modeling, 1994, 20: 69 – 89.

[88] Krentel M W. The complexity of optimization problems. Journal of Computer and System Sciences, 1988, 36: 490 – 509.

[89] Li C L, Cheng T C E. The parallel machine min-max weighted absolute lateness scheduling problem. Naval Research Logistics, 1994, 41: 33 – 46.

[90] Huang D C, Zhao Y W, Zhu Y H. A heuristic for optimal job scheduling problem with a common due window on parallel and identical machines. World Congress on Intelligent Control & Automation, 2000, 3: 1993 – 1996.

[91] Chen Z L, Lee C Y. Parallel machine scheduling with a common due window. European Journal of Operational Research, 2002, 136: 512 – 527.

[92] Yeung W K, Oguz C, Cheng T C. Two-stage flowshop earliness and tardiness machine scheduling involving a common due window. International Journal of Production Economics, 2004, 90: 421 – 434.

[93] Wang J B, Wei C M. Parallel machine scheduling with a deteriorating maintenance activity and total absolute differences penalties. Applied Mathematics and Computation, 2011, 20: 8093 – 8099.

[94] Potts C N, Wassenhove L N V. Integrating scheduling with batching and lot-sizing : a review of algorithms and complexity. Journal of operational research society, 1991, 43: 395 – 406.

[95] Webster S T, Baker K R. Scheduling groups of jobs on a single machine. Operational Research, 1995, 43: 692 – 703.

[96] Potts C N, Kovalyov M Y. Scheduling with batching: a review. European Journal of Operational Research, 2000, 120: 228 – 249.

[97] Brucker P, Gladky A, Hoogeveen H, et al. Scheduling a batching machine. Journal of Scheduling, 1998, 1: 31 – 54.

[98] Deng X, Feng H, Li G, et al. A PTAS for minimizing total comple-

tion time of bounded batch scheduling. International Journal of Foundations of Computer Science, 2002, 13: 817 – 827.

[99] Deng X, Feng H, Zhang P, et al. Minimizing Mean Completion Time in a Batch Processing System. Algorithmica, 2004, 38: 513 – 528.

[100] Deng X T, Li G J, Feng H D, et al. A PTAS for semiconductor burn-in scheduling. Journal of Combinatorial Optimization, 2005, 9: 5 – 17.

[101] Hochbaum D S, Landy D. Scheduling with batching: Minimizing the weighted number of tardy jobs. Operations Research Letters, 1994, 16: 79 – 86.

[102] Kovalyov M Y. Batch scheduling and common due date assignment problem: An NP-hard case. Discrete Applied Mathematics, 1997, 80: 251 – 254.

[103] Crauwels H A J, Potts C N, Oudheusden D V, et al. Branch and bound algorithms for single machine scheduling with batching to minimize the number of late jobs. Southampton: University of Southampton, 1999.

[104] Mathirajan M, Chandru V, Sivakumar A. Heuristic algorithms for scheduling heat-treatment furnaces of steel casting industries. Sadhana, 2007, 32: 479 – 500.

[105] Liu L L, Ng C T, Cheng T C E. Scheduling jobs with release dates on parallel batch processing machines. Discrete Applied Mathematics, 2009, 157: 1825 – 1830.

[106] Chen H P, Du B, Huang G Q. Meta heuristics to minimize makespan on parallel batch processing machines with dynamic job arrivals. International Journal of Computer Integrated Manufacturing, 2010, 23: 942 – 956.

[107] Haddad H, Ghanbari P, Moghaddam A. A new mathematical model

for single machine batch scheduling problem for minimizing maximum lateness with deteriorating jobs. International Journal of Industrial Engineering Computations, 2012, 3: 253 – 264.

[108] Cabo M, Possani E, Potts C N, et al. Split-merge: using exponential neighborhood search for scheduling a batching machine. Computers & Operations Research, 2015, 63: 125 – 135.

[109] Chandru V, Lee C Y, Uzsoy R. Minimizing total completion time on batch processing machine with job families. Operations Research Letters, 1993, 13: 61 – 65.

[110] Koh S G, Koo P H, Ha J W, et al. Scheduling parallel batch processing machines with arbitrary job sizes and incompatible job families. International Journal of Production Research, 2004, 42: 4091 – 4107.

[111] Chekuri C, Khanna S A. PTAS for the multiple knapsack problem. SIAM Journal on Computing, 2006, 36: 713 – 728.

[112] Lu L F, Yuan J J. Unbounded parallel batch scheduling with job delivery to minimize makespan. Operations Research Letters, 2008, 36: 477 – 480.

[113] Li S G, Li G J, Zhang S Q. Minimizing makespan with release times on identical parallel batching machines. Discrete Applied Mathematics, 2005, 148: 127 – 134.

[114] Malve S, Uzsoy R. A genetic algorithm for minimizing maximum lateness on parallel identical batch processing machines with dynamic job arrivals and incompatible job families. Computers & Operations Research, 2007, 34: 3016 – 3028.

[115] Lu L F, Zhang L Q, Yuan J J. The unbounded parallel batch machine scheduling with release dates and rejection to minimize makespan. Theoretical Computer Science, 2008, 396: 283 – 289.

[116] Cheng T C E, Wang G Q. Batching and scheduling to minimize the makespan in the two-machine flowshop. IIE Transactions, 1998, 30: 447 – 453.

[117] Cheng T C E, Lin B M T, Toker A. Makespan minimization in the two-machine flowshop batch scheduling problem. Naval Research Logistics, 2000, 47: 128 – 144.

[118] Sung C S, Kim Y H, Yoon S H. A problem reduction and decomposition approach for scheduling for a flowshop of batch processing machines. European Journal of Operational Research, 2000, 121: 179 – 192.

[119] Su L H. A hybrid two-stage flowshop with limited waiting time constraints. Computers & Industrial Engineering, 2003, 44: 409 – 424.

[120] Manjeshwar P K, Damodaran P, Srihari K. Minimizing makespan in a flow shop with two batch-processing machines using simulated annealing. Robotics and Computer-Integrated Manufacturing, 2009, 25: 667 – 679.

[121] Mirsanei H S, Karimi B, Jolai F. Flow shop scheduling with two batch processing machines and non-identical job sizes. International Journal of Advanced Manufacturing Technology, 2009, 45: 553 – 572.

[122] Zhang H H, Gu M. Modeling job shop scheduling with batches and setup times by timed Petri nets. Mathematical and Computer Modeling, 2009, 49: 286 – 294.

[123] Lu L, Zhang L, Wan L. Integrated production and delivery scheduling on a serial batch machine to minimize the makespan. Theoretical Computer Science, 2015, 572: 50 – 57.

[124] Hochbaum D S, Landy D. Scheduling semiconductor burn-in problem operations to minimize total flowtime. Operations Research, 1997, 45: 874 – 885.

[125] Monma C L, Potts C N. On the complexity of scheduling with batch setups. Operations Research, 1989, 37: 798 – 804.

[126] Dunstall S. A Study of Models and Algorithms for Machine Scheduling Problems with Setup Times. Melbourne: The University of Melbourne, 2000.

[127] Yang X G. Scheduling with generalized batch delivery dates and earliness penalties. IIE Transactions, 2000, 32: 735 – 741.

[128] Liu S C. Common Due-Window Assignment and Group Scheduling with Position Dependent Processing Times. Asia-Pacific Journal of Operational Research, 2015, 32: 19.

[129] Li W X, Zhao C L. Single machine scheduling problem with multiple due windows assignment in a group technology. Journal of Applied Mathematics and Computing, 2015, 48: 477 – 494.

[130] Wang M C, Rao Y Q, Wang K P. A niche genetic algorithm for two-machine flowshop scheduling with family sequence-dependent setup times and a common due window. IEEM, 2010: 296 – 300.

[131] Uzsoy R. Scheduling a single batch processing machine with non-identical job sizes. Int of Production Research, 1994, 32: 1615 – 1635.

[132] Hoesel S V, Wagelmans A, Moerman B. Usinggeometric techniques to improve dynamic programming algorithms forthe economic lot-sizing problem and extensions. European Journal of Operational Research, 1994, 75: 312 – 331.

[133] Ghazvini F J, Dupont. Minimizing mean flow times criteria on a single batch processing machine with non-identical jobs sizes. International Journal of Production Economics, 1998, 55: 273 – 280.

[134] Kashan A H, Karimi B, Jenabi M. A hybrid genetic heuristic for scheduling parallel batch processing machines with arbitrary job sizes. Computers & Operations Research, 2008, 35: 1084 – 1098.

[135] Chung S H, Tai Y T, Pearn W L. Minimizing makespan on parallel batch processing machines with non-identical ready time and arbitrary job sizes. International Journal of Production Research, 2009, 47: 5109 – 5128.

[136] Melouk S, Damodaran P, Chang P Y. Minimizing makespan for single machine batch processing with non-identical job sizes using simulated annealing. International Journal of Production Economics, 2004, 87: 141 – 147.

[137] Damodaran P, Manjeshwar P K, Srihari K. Minimizing makespan on a batch-processing machine with non-identical job sizes using genetic algorithms. International Journal of Production Economics, 2006, 103: 882 – 891.

[138] Damodaran P, Chang P Y. Heuristics to minimize makespan of parallel batch processing machines. International Journal of Advanced Manufacturing Technology, 2008, 37: 1005 – 1013.

[139] Xu R, Chen H, Li X. Makespan minimization on single batch-processing machine via ant colony optimization. Computers & Operations Research, 2012, 39: 582 – 593.

[140] Chen H, Du B, Huang G. Meta heuristics to minimize makespan on parallel batch processing machines with dynamic job arrivals. International Journal of Computer Integrated Manufacturing, 2010, 23: 942 – 956.

[141] Damodaran P, Diyadawagamage D, Ghrayeb O, et al. A particles swarm optimization algorithm for minimizing makespan of non-identical parallel batch processing machines. International Journal of Advanced Manufacturing Technology, 2012, 58: 1131 – 1140.

[142] Wang J, Leung J. Scheduling jobs with equal-processing-time on parallel machines with non-identical capacities to minimize makespan.

International Journal of Production Economics, 2014, 156: 325 – 331.

[143] Kashan A H, Karimi B, Jolai F. Effective hybrid genetic algorithm for minimizing makespan on a single-batch-processing machine with non-identical job sizes. International Journal of Production Research, 2006, 44: 2337 – 2360.

[144] Xing L N, Chen Y W, Yang K W. Double layer ACO algorithm for the multi-objective FJSSP. New Generation Computing, 2008, 26: 313 – 327.

[145] 唐国春, 张峰, 罗守成, 等. 现代排序论. 上海: 上海科学普及出版社, 2003.

[146] 李小林, 杜冰, 许瑞, 等. 同类机环境下不同尺寸工件的分批调度问题. 计算机集成制造系统, 2011, 18: 102 – 111.

[147] 王栓狮. 差异工件批调度问题研究与算法设计. 合肥: 中国科学技术大学, 2008.

[148] 程八一, 陈华平, 王栓狮. 模糊制造系统中的不同尺寸工件单机批调度优化. 计算机集成制造系统, 2008, 14: 1322 – 1328.

[149] 郑凡, 雷德明. 并行变邻域搜索下的订单接收与流水车间调度. 武汉理工大学学报: 信息与管理工程版, 2015, 37: 519 – 523.

[150] 郑晓龙, 王凌. 求解置换流水线调度问题的混合离散蚁群算法. 控制理论与应用, 2014, 31: 159 – 164.

致　谢

　　本书的出版得到了山东省自然科学基金（ZR2012GQ010）、济南市高校自主创新计划（201303001）、山东省重点研发计划（2015GGX101047,2016GGX101024）的支持与赞助。

图书购买或征订方式

关注官方微信和微博可有机会获得免费赠书

 淘宝店购买方式：

直接搜索淘宝店名：**科学技术文献出版社**

 微信购买方式：

直接搜索微信公众号：**科学技术文献出版社**

 重点书书讯可关注官方微博：

微博名称：**科学技术文献出版社**

 电话邮购方式：

联系人：王　静

电话：010-58882873, 13811210803

邮箱：3081881659@qq.com

QQ：3081881659

汇款方式：

户　名：科学技术文献出版社

开户行：工行公主坟支行

帐　号：0200004609014463033